KB040539

김상욱의 **양자역학 콕 찔러보기**

과학하고 앉아있네 03

김상욱의 양자역학 콕 찔러보기

ⓒ 원종우·김상욱, 2015. Printed in Seoul, Korea.

초판 1쇄 펴낸날 2015년 7월 15일
초판 8쇄 펴낸날 2024년 1월 17일

지은이	원종우 · 김상욱
펴낸이	한성봉
편집	안상준 · 강태영
디자인	유지연
마케팅	박신용 · 오주형 · 박민지 · 이예지
경영지원	국지연 · 송인경
펴낸곳	도서출판 동아시아
등록	1998년 3월 5일 제1998-000243호
주소	서울시 중구 퇴계로30길 15-8 [필동1가 26]
페이스북	www.facebook.com/dongasiabooks
전자우편	dongasiabook@naver.com
블로그	blog.naver.com/dongasiabook
인스타그램	www.instagram.com/dongasiabook
전화	02) 757-9724, 5
팩스	02) 757-9726
ISBN	978-89-6262-107-5 04400
	978-89-6262-092-4 (세트)

이 도서의 국립중앙도서관 출판예정도서목록(CIP)은
서지정보유통지원시스템 홈페이지(http://seoji.nl.go.kr)와
국가자료공동목록시스템(http://www.nl.go.kr/kolisnet)에서
이용하실 수 있습니다. (CIP제어번호 : CIP2015017979)

과학하고 앉아있네

파토 원종우의 과학 전문 팟캐스트

03

김상욱의
양자역학 콕 찔러보기

| 원종우·김상욱 지음 |

동아시아

과학전문 팟캐스트 방송 〈과학하고 앉아있네〉는 '과학과 사람들'이 만드는 프로그램입니다. '과학과 사람들'은 과학 강의나 강연 등등 프로그램과 이벤트와 같은 과학 전반에 걸친 이런저런 일을 하기 위해 만든 단체입니다. 과학을 해석하고 의미를 부여하는 "과학과 인문학의 만남"을 이야기하는 것이 바로 〈과학하고 앉아있네〉의 주제입니다.

사회자
원종우

딴지일보 논설위원이라는 직함도 갖고 있다. 대학에서는 철학을 전공했고 20대에는 록 뮤지션이자 음악평론가였고, 30대에는 딴지일보 기자이자 SBS에서 다큐멘터리를 만들었다. 2012년에는 『조금은 삐딱한 세계사: 유럽편』이라는 역사책, 2014년에는 『태양계 연대기』라는 SF와 『파토의 호모 사이언티피쿠스』라는 과학책을 내기도 한 전방위적인 인물이다. 과학을 무척 좋아했지만 수학을 못해서 과학자가 못 됐다고 하니 과학에 대한 애정은 원래 있었던 듯하다. 40대 중반의 나이임에도 꽁지머리를 해서 멀리서도 쉽게 알아볼 수 있다. 과학 콘텐츠 전문 업체 '과학과 사람들'을 이끌면서 인기 과학 팟캐스트 〈과학하고 앉아있네〉와 더불어 한 달에 한 번 국내 최고의 과학자들과 함께 과학 토크쇼 〈과학같은 소리하네〉 공개방송을 진행한다. 이런 사람이 진행하는 과학 토크쇼는 어떤 것일까.

대담자
김상욱

어린 시절, 우연히 접한 양자역학에 큰 충격을 받은 소년 김상욱의 인생은 그 길로 결정돼버렸다. 그것이 물리학인지조차 모르던 상태에서 양자역학 연구를 삶의 목표로 삼아버렸기 때문이다. 그렇게 카이스트로 진학해서 학사, 석사, 박사를 모두 취득하고 세월이 지난 지금은 부산대학교 물리교육과 교수를 거쳐 경희대학교 물리학과 교수가 되어 있다. 학자 본연의 깊이 있는 연구에 몰두하면서도 어린 시절 자신의 경험을 잊지 않고 팟캐스트와 강연을 통해 대중에게 양자역학의 내용과 의미를 알리는 역할을 자임하고 있기도 하다. 조근조근한 말투에 얼핏 냉정하고 융통성 없는 과학자처럼 보이지만, 실은 과학의 잣대를 통해 확인되는 자연의 경이로움에 흠뻑 젖어 살면서 인간에 대한 깊은 관심과 사회에 대한 열정적인 비전을 가진 뜨거운 사람이다.

* 본문에서 사회자 **원종우**는 '원', 대담자 **김상욱**은 '욱'으로 적는다.

* 김상욱 교수는 현재 경희대학교 물리학과 교수이다. 하지만 이 팟캐스트가 방송될 당시에는 부산대학교 물리교육과 교수였기 때문에, 본문에서는 그대로 '부산대학교 물리교육과 교수'로 적는다.

차례

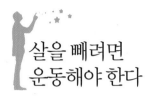

살을 빼려면
운동해야 한다

원— 이제 우리는 양자역학이라는 이름을 가진 기괴한 미로 속에서 헤매다가 결국 아무것도 이해하지 못하고 나가게 될 가능성이 큽니다. 중요한 것은 리처드 파인만이라는 유명한 물리학자도 "양자역학을 아는 사람은 아무도 없다"라고 말했을 정도로 양자역학이 어렵다는 것이죠. 이 이야기는 양자역학을 수학적으로 풀

> **리처드 파인만**   리처드 파인만Richard Feynman(1918~1988)은 미국의 물리학자이다. 양자역학, 입자물리학 등의 업적으로 1965년에 노벨 물리학상을 받았다. 아원자 입자의 행동을 지배하는 수학적인 기술을 표현하는 직관적인 도형 표기를 개발했는데 이를 파인만 도표라 한다. 특유의 쇼맨십으로 대중에게도 널리 알려진 물리학자이다. 자서전 『파인만 씨, 농담도 잘하시네』 외에도 많은 대중서를 썼으며, 『파인만의 물리학 강의』는 물리학과 학생들의 필독서이다.

수는 있는데, 그게 무엇을 이야기하는지 해석을 하는 게 난항이라는 것이죠. 그래서 100년 가까이 의견이 엇갈리고 있으며, 이거네 저거네 하고 싸우고 있는 게 바로 이 분야고, 또 엉뚱하고 황당하고 엄청난 이야기들이 나오기 때문에 완전히 다른 세상으로 눈을 뜨게 만드는 그런 분야 중에 하나라는 건 알게 될 겁니다.

상대성이론하고 양자역학은 현대물리학의 양대 산맥이라고 하는데, 그 가운데 양자역학은 굉장히 좋아하는 분야이지만 덤비기는 어려운 것이었고, 그래서 김상욱 선생님을 꼭 한 번 모시려고 마음을 먹고 있었습니다. 김상욱 선생님은 부산대학교 물리교육과 교수이시고, 또한 양자역학의 전문가입니다. 《피지컬 리뷰 레터》라는 물리학계의 권위 있는 학술지에 몇 번이나 논문이 수록이 되었다 합니다. 무슨 주제에 관한 논문이었지요?

욱─ 정보엔진입니다.

원─ 정보를 가지고 엔진을 만든다고요? 그런 걸로 자동차를 움직일 수 있는 건 아니겠죠?

욱─ 차를 움직일 수는 없죠. 원리적으로는 가능하지만 실제로

《피지컬 리뷰 레터》 《피지컬 리뷰 레터Physical Review Letter》는 미국 물리학회가 발간하는 물리학 분야의 가장 권위 있는 학술잡지로, 물리의 모든 분야에 관한 연구를 실어 매주 발간한다. 물리학과 교수가 되고 싶으면 여기에 논문을 많이 실어야 한다.

쓰이기는 거의 힘들 거고요.

원 — 물리학 가운데 양자역학이 정보를 가지고 엔진을 만들 수 있다는 이야기까지 나오는 분야인데, 그게 얼마나 어처구니없는지 오늘 듣다 보시면 아마 이해가 되실 거라고 생각이 됩니다. 아무튼 부산대학교 물리교육과 김상욱 교수님과 함께하겠습니다.

욱 — 안녕하세요. 김상욱입니다.

원 — '콕 찔러보는'이라는 제목을 붙인 이유는 이 양자역학이 계속해서 엄포를 놓았듯이 어렵기로 악명이 높은 분야 아니겠습니까? 그래서 우리가 양자역학이 어렵다고 하는 이유 중에 하나가 이것의 개념이 기존 물리학의 개념이나 세계관을 뒤흔들었다는 말들 때문인 것 같아요. 그러면 기존의 고전적인 물리학 개념은 뭐였는지부터 좀 알아야 뭐가 깨지고 무너졌는지를 알 수 있는데, 그걸 잘 모르시잖아요. 그러니까 그 이야기부터 살짝 먼저 하고 지나가죠.

욱 — 그렇게 하죠. 사실 양자역학이 어렵다거나 이상하다고 하는데, 세상에 그냥 어려운 것은 없거든요. 비교가 되는 정상인 것이 있는데, 그것과 비교했을 때 전혀 예상치 못한 결과가 나오기 때문에 이상하다고 하는 거겠죠. 사실 양자역학이 이상하다고 하는 이유는 양자역학이 나오기 이전의 물리학에서 우리가 굳게 믿고 있던 기본이나 믿음들이 다 깨졌기 때문에 그렇습니다.

물론 상대성이론도 마찬가지로 우리가 갖고 있던 시간과 공간에 대한 개념을 깼지만, 그렇다 하더라도 여기서는 상대성이론이 적용되는 세상으로부터 우리가 사는 세상에 이르기까지 연속적으로 쭉 연결을 할 수는 있어요. 양자역학을 공부하다 보면 우리가 그 이전에 알았던 물리학과는 연속적으로 연결되지 않는 부분이 있다는 사실을 깨닫게 됩니다.

아주 근본적인 차이점들이 있어요. 양자역학의 세상들과 우리가 사는 보통 세상은 아주 많이 달라요. 우리는 양자역학의 세상과 우리가 사는 세상에 놓인 장벽을 이해해야 합니다. 오늘 이야기의 주제가 바로 그겁니다. 지금 말한 것처럼 먼저 우리가 사는 세상부터 좀 이야기를 해야 뭐가 이상한지를 알 수 있으니까요. 과학, 특히 물리학을 공부하는 사람이 세상을 보는 기본적인 관점을 이해해야만 오늘 양자역학 이야기를 따라오실 수 있을 겁니다.

물리학을 하는 사람들이 세상을 이해하는 기본 철학이 하나가 있는데, 그건 바로 모든 자연현상이나 우주에서 일어나는 것을 운동으로 이해할 수 있다고 믿는 겁니다. 이런 관점에 동의할지 안 할지는 잘 모르겠지만, 만일 이게 왜 빨간색이냐, 왜 지금 추운 것이냐, 왜 밥 먹으면 힘이 나느냐와 같은 현상에 관한 어떤 질문을 하더라도 저는 그것을 무언가의 운동으로 설명할 수 있습니다.

지금까지 이런 방법이 실패한 적이 별로 없고, 그래서 앞으로도 계속 성공할 거라는 굳은 믿음을 가지고 과학자들은 연구를 하고 있어요. 물리학을 처음 배울 때 교과서를 펴면 가장 먼저 그 지긋지긋한 운동부터 나오죠. 등속운동, 등가속운동, 마찰이 없는 빗면을 구르는 점의 운동 등등 여러 운동들이 지겹게 나오는 것은 바로 이 때문이죠. 그래서 양자역학도 이 무언가의 운동을 이해하려고 하는 겁니다.

자, 이제 운동이란 것이 뭔지 이야기해야겠죠. 제가 운동이 뭐냐고 물어보면, 살을 빼려면 운동해야 하는 것이라는 답이 나옵니다. 보통 운동이라고 하면 머릿속에 떠오르는 이게 맞기는 맞는 말입니다. 뭐, 틀린 말은 아니지만 물리학적으로 논의를 하기 위해서는 좀 더 정확한 정의가 필요하기 때문에 이렇게 이야기해볼게요.

게임 좋아하는 사람은 〈스타크래프트〉를 잘 알 겁니다. 제가

스타크래프트　스타크래프트StarCraft는 1998년에 처음 개발된 전략시뮬레이션게임이다. 게임 배경은 미래의 우주로, 상상의 세계이다. 지구로부터 쫓겨난 범죄자 집단 테란Terran과 집단의식을 가진 절지동물 저그Zerg, 고도로 발달한 외계 종족 프로토스Protoss 사이의 전쟁을 주제로 한다. 종족들 사이 힘의 절묘한 균형과 당시로는 놀라운 그래픽으로 선풍적인 인기를 끌었다. 네트워크를 이용하여 사람들 간에 게임을 할 수 있었기 때문에 PC방이라는 새로운 문화를 만들어내게 된다. 프로게이머라는 직업이 생긴 것도 이 게임 때문이다. 이 게임이 당대의 이론물리학 전공 대학원생들에게 끼친 해악은 이루 말할 수 없을 정도이다.

운동이라고 이야기할 때에는 바로 이런 걸 말합니다. 〈스타크래프트〉의 한 장면이 여러분한테 어떻게 보일지 모르겠지만 진짜 밤새 게임을 하는 사람에게는 새로운 우주가 하나 만들어진 거예요. 여기 새로운 우주가 있습니다. 이 안에 유닛Unit들이 있고, 총을 쏴서 누군가 맞으면 죽습니다. 그 세계에선 정말로 이러한 일이 일어나는 것처럼 보입니다. 만약에 이걸 하나의 새로운 우주라고 상상해본다면, 이 새로운 우주를 만드는 데에는 유닛들이 필요하고, 그다음에 그 유닛들이 매 순간 어느 위치에 있는지를 명령으로 지정해줄 수 있으면 충분합니다. 그 명령들이 할 일은 다음 순간 유닛이 어디로 움직이는지 새로운 위치만 계속해서 이야기해주면 되는 겁니다. 실제 컴퓨터에서는 그 위치 정보들이 계속 시시각각 바뀌고 있습니다. 따라서 이것을 하나의 우주로 본다면 사실 우주 만드는 방법은 아주 간단하게 유닛과 그 위치와 시간 변화를 결정해주면 되는 겁니다.

그렇다면 지금 우리가 살고 있는 이 우주가 게임과 얼마나 다른지를 생각해보세요. 별로 다르지 않다는 것을 알게 될 겁니다. 그래서 물리학자들은 컴퓨터 게임을 보는 그 시각으로 우리 세상을 바라본다고 봐도 무방합니다. 우리 우주의 유닛이 바로 여러분일 수도 있고, 몸의 원자일 수도 있고, 공기 분자일 수 있고, 자동차일 수 있죠. 그것들의 위치들을 모두 시간으로 나타낼 수 있으면 되는 겁니다. 즉, 유닛의 위치를 시간에 따라 기술한 것

• 〈스타크래프트〉 게임 속에 새로운 우주가 있다 •

이 바로 운동이죠. 이제 우주의 모든 유닛들의 위치를 다 알면 우주의 모든 걸 다 알았다고 볼 수 있다는 거죠.

원― 이게 일반적인 물리학의 정의에 가까운 게 되겠네요. 그렇죠?

욱― 저는 그렇게 거창한 말은 하지 않아요.

원― 제가 옆에서 거창한 말을 하면 안 될까요?

욱― 철학하는 사람 곁에서는 그렇게 근본적인 이야기로 가지 않으렵니다. 아무튼 여기까지 따라왔으면 이제 운동이라는 말을 어떤 식으로 사용하고 있는지를 아마 좀 이해했을 겁니다. 그러면 이제 본격적으로 고전역학의 세계에 들어가보죠. 세상에 양자역학이 나오기 전으로요.

자, 이제 게임이 아니라 실제 세상을 생각해보세요. 여기에도 많은 유닛들이 있습니다. 제가 이야기한 대로 하자면, 우리가 해야 되는 일은 이 유닛들의 위치를 다 기술하는 것이죠. 그것들의 시간에 따른 변화를 알면 되는 건데요. 예를 들어, 만일 자동차들이 도로에 늘어선 사진을 보면 사람들은 다음 순간 무슨 일이 벌어질지를 경험에 의해 알고 있습니다. 차들이 곧 앞으로 움직일 겁니다. 그렇지만 물리학자들은 성격이 더러워서 이런 사진을 보면서도 그다음 순간에 무슨 일이 벌어질지 알 수 없다고 합니다. 사실 확률은 작지만 차들이 서로 짜고서 뒤로 갈 수도 있잖아요. 그렇죠, 알 수 없어요.

이게 무슨 말이냐 하면 어느 한 시점에 모든 유닛들의 위치를 안다고 해도, 모든 정보를 다 알고 있는 것이 아니라서 그다음 순간은 결정할 수 없다는 거죠. 즉, 여러분이 한 장의 사진으로부터 스스로 굴러가는 우주를 만들기 위해서는 그 한 장의 사진에 나온 모든 유닛의 위치로부터 그다음 순간의 위치를 알 수 있는 정보를 추가로 주어야 합니다. 우리는 그것을 속도라고 부릅니다.

속도라는 것은 어려운 것이 아니라 한 위치, 지점을 알 때 시간이 조금 지났을 때 위치가 얼마만큼 변하는지에 대한 정보입니다. 혹시 고등학교에서 배운 수학을 잊어버리시지 않았다면 수

• 물리학자들은 "이 다음 순간 차들이 어떻게 움직일지는 알 수 없다"라고 한다 •

열이라는 용어를 기억할 겁니다. 거기에서 <u>점화식</u>이라는 걸 배웠습니다. 점화식이라는 것이 생각났다면 속도는 다 이해한 겁니다. 첫 번째 항과 점화식이 있으면 여러분이 끝없이 수열을 만들어낼 수 있습니다. 마찬가지입니다. 위치와 속도 두 가지가 주어지면 우주가 스스로 굴러갑니다. 그래서 고전역학에서 가장 중요한 것은 위치와 속도입니다. 임의의 순간 이 두 가지를 완전히 결정하고 있어야지만 우주가 굴러갑니다. 이것은 반드시 기억하시기 바랍니다.

> **점화식**　점화식은 수열의 항들 사이에서 성립하는 관계식을 말한다. 예를 들어, 첫 번째 항이 1이고 주어진 항에 1을 더하라는 점화식이 주어지면 1, 2, 3, 4, …과 같이 되어 자연수 집합 전체를 얻을 수 있다.

$$v(t) = \lim_{\Delta t \to 0} \frac{\Delta x}{\Delta t}$$

$$\Delta x = x(t + \Delta t) - x(t) = v(t) \Delta t$$

$$x(t + \Delta t) = x(t) + v(t) \Delta t$$

• 운동을 알려면 어쩔 수 없이 이 지긋지긋한 미분을 알아야 한다 •

원— 위치는 현재의 유닛들의 상태이고 속도는 이것들이 특정 시간 이후에 어디로 가 있을지 어떤 상태가 돼 있을지를 결정해주는 그런 것이 되는 건가요?

욱— 특정이라는 단어가 좀 모호하네요. 속도는 시간이 아주 조금 변했을 때 위치가 얼마나 변하는가를 기술합니다. 여기서는 아주 조금이라는 말이 애매하죠. 사실 시간 변화를 무한히 작게 했을 때 위치 변화가 유일하게 정해지는 양이고, 이것이 바로 속도의 정의죠. 이런 식으로 하는 것을 미분이라고 부릅니다. 이것 때문에 그 지긋지긋한 미분을 공부해야 됩니다.

원— 우리들은 미분 안 해도 돼요. 아시죠?

욱— 운동을 알려면 해야죠. (웃음) 지금까지 운동의 기술은 위치와 속도로 한다고 말했습니다. 고전역학의 다음 질문은 위치와 속도가 법칙을 가지고 움직일 것인가 하는 것이죠. 꼭 법칙을 따라야 될 필요는 없어요. 아까 그 〈스타크래프트〉 게임을 다시 생각해봅시다. 〈스타크래프트〉를 모르는 사람도 게임을 옆에서 가만히 지켜보면 규칙이 있다는 것을 추론할 수 있어요. 총알을 맞으면 죽고, 미네랄을 먹으면 숫자가 커지잖아요. 사실 어떤 의미에서 과학자들이 하는 일이 바로 이처럼 알지 못하는 게임의 매뉴얼을 만드는 거랑 비슷합니다.

인류는 지난 수백 년 동안 우주를 아주 면밀히 관찰해서 어떤 규칙이 있다는 것을 알아냈습니다. 그 규칙을 정리한 매뉴얼의 분량이 얼마나 될까요? 〈스타크래프트〉만 해도 수십 페이지가 필요하죠. 뉴턴이 알아낸 우주 매뉴얼의 분량은 놀랍게도 아주 짧습니다. 딱 한 줄로 이야기할 수 있어요. 뉴턴의 고전역학이라고 하면 굉장히 거창한 것 같지만 "일정한 속도로 움직이는 것이 자연스럽다"라는 것이 전부죠.

사실 자연스럽다는 것이 과학적 표현은 아니에요. 자연스럽다는 것은 과연 무슨 뜻일까요? 제가 생각하는 자연스러운 운동은 이런 겁니다. 우주 공간에 아무것도 없다고 생각해보세요. 거기에 여러분이 물체 하나를 놓았어요. 그 물체가 어떻게 행동하는지 알고 싶어서 그래요. 아무것도 없고 물체 하나만 있으니까 그때 이 물체가 하는 짓을 보면 그게 자연스러운 운동일 겁니다. 물체

말고는 아무것도 없으니까요. 이 상황에서 물체가 어떤 짓을 할 수 있는지는 해보기 전에는 알 수 없어요. 여러분들이 실제 지켜봐야 알 수 있습니다. 답은 물체가 일정한 속도로 움직인다는 거죠. 중·고등학교 때 배운 등속직선운동이라는 겁니다. 그래서 여러분이 이 운동을 영화 〈그래비티〉에서 수없이 보신 거예요. 아무것도 없는 우주에서는 물체가 할 수 있는 것이 일정한 속도로 한 방향으로 움직이는 것뿐입니다. 이게 우리 우주의 운동법칙입니다. 이유는 몰라요. 관측해보니까 그렇다는 거죠. 그냥 우주의 속성입니다. 이게 전부입니다.

일정한 속도로 움직이는 게 자연스러우니까 만약 속도가 변한다면 여러분이 금세 이런 추론을 할 수 있죠. '변하는 이유가 있어야 된다.' 변화에 대한 설명을 해야 돼요. 여기서 물리학의 아버지 뉴턴이 등장합니다. 사실 등속직선운동이 자연스럽다고 한 것은 갈릴레오였거든요. 속도가 변하는 건 자연스럽지 않으니

<그래비티> 〈그래비티Gravity〉는 2013년에 개봉한 알폰소 쿠아론 감독의 SF 영화이다. 허블 우주망원경을 수리하기 위해 우주 공간에서 작업하던 스톤 박사가 폭파된 인공위성의 잔해와 부딪히면서 그곳에 홀로 남겨진다. 그 후 우주 공간 속에서 생존을 위해서 목숨을 건 모험을 하게 된다. 무중력 상태에 대한 소름끼치도록 섬세한 묘사로 유명하다. 상상 속의 세계같이 보이지만, 사실 실제 존재하는 세상을 그렸다는 점에서 과학자들은 이 영화를 SF가 아니라 재난 영화로 분류한다.

그 이유가 있어야 합니다. 따라서 법칙이 있다면, 그 법칙은 바로 속도의 변화를 기술해야 하는 겁니다. 물론 여기에는 한 가지 가정이 필요합니다. 모든 결과에는 원인이 있다는 인과율에 대한 가정이죠. 과학자들은 이것을 믿고 있습니다. 그러니까 결과에는 원인이 따른다는 거죠.

속도가 변하는 것, 즉 가속운동에 이유가 있다면, 그 이유를 힘이라고 부르자 하는 게 바로 운동법칙입니다. 이것을 많은 사람들이 싫어하는 수식으로 굳이 쓰면 '$F=ma$'가 됩니다. 오른쪽 항에 나오는 'a'가 속도의 시간 변화고요, 왼쪽의 'F'가 속도의 변화를 일으키는 원인인 힘입니다. 수업시간에 왜 '$F=mv$'가 아니고 '$F=ma$'냐는 훌륭한 질문을 하는 학생들이 있습니다. 이제 답을 아시겠죠?

자, 이제 이 식으로부터 속도의 시간 변화를 알 수 있습니다.

인과율 원인에서 결과가 필연적으로 일어나는 관계에 대한 법칙성을 이르는 말이다. 고전역학의 경우 뉴턴의 운동법칙이 운동에 대한 인과율을 준다. 하지만 고전역학에서 원인과 결과는 단지 시간적으로 선후 관계에 있을 뿐 절대적인 차이가 있는 것은 아니다. 아인슈타인의 상대성이론에 따르면 정보전달에 최대의 속도가 존재한다는 것이 인과율과 관계된다. 양자역학에서는 하이젠베르크의 불확정성원리가 보여주는 것처럼 고전역학적으로 중요한 요소인 위치나 운동량의 완벽한 기술이 불가능하여, 확률적 개념이 도입된다. 이는 고전역학적인 양들의 인과율을 깨는 듯이 보였다. 하지만 파동함수의 시간변화는 인과율을 따르므로 이 역시 인과율의 틀 내에 있다고 보는 것이 보통이다.

그리고 그것으로부터 속도와 위치를 끄집어낼 수만 있다면 우주를 다 이해하는 거죠. '$F=ma$'로부터 속도와 위치를 끄집어내는 수학적 과정을 적분이라고 합니다. 그래서 전 세계에 모든 이공계 학생들은 이 적분을 배워야 돼요. '$F=ma$'는 미분방정식입니다. 우주의 법칙은 미분으로 쓰여 있고, 이로부터 위치를 추출하는 과정이 적분입니다. 미분을 알려면 극한을 알아야 하고, 극한을 알려면 수열을 배워야 하죠. 수열에서 시작하여 적분까지 이어지는 고등학교 수학과정은 바로 이런 이유 때문에 존재하는 겁니다. 이제 남은 것은 실제 미적분을 이용하여 개별 문제를 푸는 겁니다. 이게 쉽지 않다는 것은 다 아시죠? 암튼 여기까지 따라오셨으면 물리학과 역학 한 학기 수업을 다 들은 셈입니다.

지구를 향해
자유낙하 하는 달

원— 다들 낙제한 건 아니죠? 여기서 한 가지 물어보고 싶은 것은 우리가 살면서 자연스러운 상태를 움직이지 않는 것 아닌가 하는 겁니다. 어떤 물건이 이렇게 놓여 있는 것도 이 물체가 안 움직이니까 우리는 항상 이게 정상적인 상황이라고 생각을 하는데, 실제로 자연 우주에서는 등속직선운동을 하는 게 자연스럽다면 그게 일단 우리가 일상에서 겪는 것과 하나의 차이점인 거죠. 그게 더 자연스러우니까 자연스럽지 않은, 즉 속도가 변하는 게 자연스럽지 않느냐는 겁니다. 정지한 게 출발하는 것도 속도가 변하는 거고, 움직이는 게 멈추는 것도 속도가 변하는 거죠. 속도가 변하는 게 자연스럽지 않으니까 자연스러운 것은 놓아두고, 자연스럽지 않은 것들에서 법칙이란 걸 적용해서 그걸 알아낸다는 이런 이야기가 되는 건가요?

욱— 맞습니다. 사실 지금 말씀하신 그게 쉬운 이야기가 아니에요. 저는 어디 가서 절대 쉽다고 이야기하지 않습니다. 갈릴레오 전까지는 이 사실을 몰랐거든요. 운동의 법칙에 대한 당시의 이론은 그리스 철학자 아리스토텔레스가 만든 것입니다. 아리스토텔레스는 위대한 과학자죠. 우리 주위를 둘러보면 대부분의 물체는 정지해 있습니다. 제가 책상 위에서 물병을 밀어도 결국에는 멈춥니다. 그래서 아리스토텔레스는 멈춰 있는 것이, 바로 정지 상태가 자연스럽다고 이야기를 했어요. 무언가 일정한 속도로 움직이면 외부로부터의 원인이 필요합니다. 이것이 바로 갈릴레오 이전의 과학이죠.

갈릴레오가 위대한 것은 이런 자명해 보이는 사실을 의심한 겁니다. 사실은 등속으로 움직이는 게 자연스러운 거고, 정지하는 이유는 그게 자연스러워서가 아니라 추가적인 원인, 더 정확하게 표현하면 마찰력 때문에 그렇다는 겁니다. 사실 이건 굉장한 도약입니다. 그 도약을 한번 하게 되면 올바른 법칙이 나옵니다. 이게 있어야만 세상을 제대로 이해할 수 있죠.

원— 그러게요. 처음 그렇게 생각하는 건 굉장히 어려웠을 것 같아요.

욱— 갈릴레오가 이런 결론에 도달하는 과정에 대해서는 중·고등학교 과학시간에 배우기는 합니다. 그런데 그렇게 해서 완전히 이해하기는 쉽지 않을 거예요. 이와 비슷한 도약을 뉴턴이 한 번 더 합니다. 많은 사람들이 뉴턴의 사과 이야기는 다 알고 있지만, 뉴턴이 사과를 보고 무슨 생각했는지에 대해서는 잘 모를 겁니다. 뉴턴의 질문은 간단합니다. 사과를 손에서 놓으면 땅으로 떨어지는데, 달은 왜 안 떨어질까 하는 것이었죠. 그것에 대한 당시의 과학자들의 답은 이겁니다. 사과는 우리가 사는 이 지상의 물건이니까 땅으로 떨어지고, 달은 천상의 물건이기 때문에 안 떨어진다는 거예요. 아주 그럴듯하죠. 아리스토텔레스의 과학입니다. 이것도 관측에 근거한 과학인데요. 뉴턴은 여기서 어마어마한 도약을 합니다. 왜 달은 안 떨어질까? 오늘은 이걸 제가 길게 설명할 수 없습니다. 시간이 부족해서 답만 말할 텐데 한번 음미해보세요.

뉴턴의 답은 이렇습니다. 달도 떨어지고 있다. 낙하를 하는데 수직 방향의 속도가 있어서, 낙하를 하면서 수직 방향으로 움직였으며, 그 진행이 지구의 굽은 정도와 일치하기 때문에 계속 낙하를 할 수 있는 것이라는 거였죠. 영화 〈그래비티〉를 보고서 왜 우주인들은 지구로 떨어지지 않는가 하고 물으시는 분들이 많더군요. 그 대답은 떨어지고 있다가 정답입니다. 그러니까 굉장한 도약이죠. 사실 여기서 물리학이 시작되는데, 이 첫 번째 발걸음부터가 결코 쉽지 않아요. 이걸 이해해야만 갈릴레오가 죽을 뻔했던 이유를 알 수 있습니다.

갈릴레오가 죽을 뻔했던 이유는 별거 아니었죠. 지구가 돈다고 했더니 당시 많은 사람들이 모두 싫어했기 때문이죠. 갈릴레오 주장은 지구의 자전이 아닌 태양 주위를 돈다는 공전 이야기를 한 건데, 사람들이 이 이야기를 너무 싫어해서 아예 그를 죽이려고 했어요. 그러자 갈릴레오가 다시 부정하고 돌아서서 나가면서 '그래도 지구는 돈다'라고 했다는 거죠. 물론 그가 진짜 이런 말을 했는지는 아무도 모릅니다.

당시 갈릴레오의 이론에 대한 가장 강력한 공격은 지구가 태양 주위를 도는데 우리가 왜 이것을 모르냐는 거예요. 그러니까 우리가 움직이고 있는데 그걸 왜 모르냐는 겁니다. 지구가 중심인 이유는 움직이지 않기 때문에 그런 것이거든요. 나머지 다른 것들이 지구 주위를 돌고 있는 것이고요. 암튼 이에 대한 대답은 지구는 태양 주위를 돌지만 지구가 태양으로 낙하하고 있기 때문에 모른다는 거예요.

일단 낙하를 하면 그 안에서는 <u>무중력상태</u>가 됩니다. 우주의 인공위성 안이 왜 무중력이냐 하면 인공위성이 지구를 향해 자유

무중력상태 중력이 없는 상태를 말한다. 중력을 만들어내는 물체가 없어서 무중력상태가 될 수도 있지만, 중력과 원심력 등의 관성력이 서로 상쇄되어 그 힘의 합이 0 또는 0에 가까울 정도로 작아질 때 생기기도 한다. 특히 어떤 계가 중력하에서 자유낙하 하는 특수한 상태에서 생긴다. 무중력을 느끼고 싶으면 뛰어내리면 되는데, 높은 곳에서 하면 대단히 위험하니 웬만하면 그러지 않기를 바란다.

낙하하기 때문이에요. 이런 일이 벌어지면 안 되겠지만 엘리베이터를 탔을 때 줄이 끊어지면 그 안은 무중력상태가 됩니다. 지구를 향해 낙하를 하면 무중력상태가 돼요. 그래서 지구는 태양 주위를 돌지만 태양으로 낙하하고 있기 때문에 태양을 향해 움직이는 것을 느끼지 못합니다. 이것으로 역학 1년 동안의 강의가 끝났습니다. 남은 일은 여러 가지 실제 문제에 적용해 푸는 것뿐이죠. 그 내용은 간단해 보이지만, 제대로 이해하려면 깊이 생각하고 음미해야 합니다.

원 ― 맞아요. 그런데 이게 생각보다 진짜 어려운 이야기인 것이 소위 자유낙하라는 개념이거든요. 우리가 인공위성을 쏘고 인공위성이나 우주선이 지구 궤도를 돌잖아요. 우리는 SF 영화 같은 것을 자꾸 봐서 이것이 무슨 엔진의 힘으로 어디 갔다 오기도 한다고 생각하는데, 실제는 엔진의 힘이 없이 그저 궤도운동을 하고 있을 뿐입니다. 지구 중력 때문에 인공위성이 돌고 있는데, 이게 사실은 자유낙하 상태라 합니다. 저도 이걸 잘 이해하지 못하고, 아마 모종의 운동법칙 때문에 궤도운동 형태로 나타나는 것이 아닐까 하고 생각하고 있어요.

욱 ― 모종의 법칙이라고 말했지만 여기 '$F=ma$'라는 공식에 다 있어요. 바로 이게 답입니다. 그러니까 그게 어려운 부분이에요. 자연은 너무나 단순한 겁니다. 문제는 자연이나 물리에 있는 게 아니라 우리에게 있습니다. 인간의 두뇌라는 것이 자연법칙을 잘 이해하도록 진화한 건 아니거든요. 우리의 뇌는 맛있는 것을 찾거나, 아니면 예쁜 여자, 멋진 남자를 찾거나 하는 그런 것을 잘하도록 진화해왔죠. 우리가 이해를 못한다고 자연이 이상한 게 아니라, 잘못은 우리한테 있다는 겁니다.

그런데 잘못이라고 보기도 힘든 것이 두뇌는 그냥 생존과 번식에 유리하도록 진화된 겁니다. 그래서 모르는 게 너무 당연하니까, 이것을 제대로 이해하려면 피나는 노력을 해야 합니다. 그래서 저희 물리학자들끼리 농담 삼아 물리를 하려면 뇌수술을 한 번 받아야 한다고 합니다. 대학교 2학년 정도에 뇌수술을 한 번 해야 해요. 뇌 회로를 한 번만 제대로 재배열하면, 그 이후는 이것들을 이해하는 데 큰 문제는 없게 되지요.

원 — 실패하는 경우도 있지 않습니까?

욱 — 실패하면 물리학과를 나가야죠. (웃음) 그런데 진짜 안타까운 것은 일종의 뇌수술, 물론 엄밀히 말하면 수술이 아니라 약간 바늘로 찌르는 정도지만, 뇌수술 받고서 겨우 이해를 했는데 양자역학 배우면 다시 한 번 수술을 해야 된다는 거죠. 정말 미치는 일이죠. 이제 두 번째 수술을 향해서 갈 겁니다.

원 — 그래서 수술 전에 자유낙하 이야기를 조금 더 하자면 옛날에 이런 생각을 한 적이 있었어요. 제가 어려서 엘리베이터가 떨어져서 무슨 일이 일어났다는 뉴스를 보면서 아니 저거 떨어질 때 그 엘리베이터 속에서 위로 펄쩍 뛰어서 천장에 개구리처럼 붙어 있으면, 엘리베이터는 밑으로 떨어져 부딪쳐도 나는 충격을 받지 않게 되지 않을까 하고 상상하고 그랬어요. 이걸 이해하려고 하지 마세요. 어차피 말도 안 되는 이야기니까. 실제로 정말 엘리베이터 줄이 완전히 끊어져서 진짜 자유낙하를 한다면, '붕' 떠서 위에 붙을 수도 아래에 붙을 수도 없는 사실상의 무중력상태에 있는 거잖아요? 그렇죠?

자유낙하라는 게 이런 속성이 있고, 이게 비행기 속에 있든 다른 무슨 우주선이든 뭐든, 어디에 있든 항상 마찬가지로 그것과 같이 자유낙하 하고 있으면 그 안은 무중력상태로 떠 있게 되는 거죠? 그래서 우주비행사들이 훈련할 때 무중력상태를 경험하게 하느라 비행기를 타고 높이 올라가서, 다시 아래로 급강하 할 때 그 안이 무중력상태가 되는 거죠. 그 안에 무슨 장치를 해놓은 게 아니라, 그냥 비행기가 일종의 자유낙하에 가까운 상태에 몇십 초 있는 거죠. 물론 밖에서 보면 실제로는 엄청난 속도로 떨어지고 있는 거죠. 그러면 그 상태에선 자연스럽게 비행기 안에서는 무중력상태인 것같이 유지되는 그런 것이겠죠. 아무튼 이게 지금 고전역학이라고 하는 건데, 다음 뇌수술은 어떻게 진행하겠습니까?

욱— 한 가지만 더 말하고 싶은 것이 있는데요. '$F=ma$'라는 공식 한 줄로 운동법칙이 다 끝났습니다. 여기서 지금 'm'이라는 것 하나만 모르지만, 이건 질량인데 설명 길게 하지 않고 지나가겠습니다. 제대로 하려면 이것만 가지고도 몇 시간 이야기해야 해요. 힘은 속도를 변화시키는 원인이 되는 것이라고 했었죠. 이제 남은 질문은 힘의 종류가 몇 가지인가 하는 겁니다. 힘이 만일 100가지면 100가지를, 1,000가지면 1,000가지를 다 배워야 합니다.

힘이 중요한 것이 바로 이 힘만이 물체의 속도를 바꿀 수 있기 때문입니다. 주변에서 속도가 바뀌는 것을 보면, 아니 운동의 상태가 바뀌는 것을 보면, 거기에는 힘이 작용했다고 생각하면 됩니다. 제가 손을 드는 순간 여기에는 힘이 작용한 겁니다. 어떤 힘이 작용했을까요? 이 우주에는 다행히 딱 네 가지 종류의 힘만 있습니다. 그래서 그 네 개의 힘만 배우면 됩니다. 사과가 땅에 떨어지는 건 중력이고요, 전구에 불이 켜지는 건 전자기력입니다. 나머지 둘은 원자핵 수준에서 작용하는 힘으로 원자핵을 쪼갤 때나 볼 수 있죠. 그런데 원자핵을 함부로 쪼개면 국제원자력기구IAEA에서 사찰을 나올 겁니다. 이 힘의 결과는 원자력발전소에 가면 볼 수 있습니다. 태양이 빛나는 것도 핵 속의 이 힘들 때문이죠. 사실 우리 주위에서 실제로 여러분이 자주 보실 수 있는 힘은 두 종류밖에 없다는 뜻인데, 그건 중력과 전자기력밖에 없다는 겁니다.

중력은 어디서나 바로 볼 수 있습니다. 아무거나 꺼내서 그냥 손을 놓으면 정지해 있어야 하는데 아래 방향으로 속도가 생겨나죠. 쉬운 말로 하면 떨어진다는 말입니다. 옆에 지구라는 거대한 질량이 있기 때문입니다. 지구 중심의 방향으로 힘이 작용한 겁니다. 이걸 중력이라고 부르죠. 이것 빼고 여러분이 주변에서 정지해 있던 무언가가 움직이거나 상태가 변하면 다 전자기력 때문이라고 보시면 돼요. 인간이 제어할 수 있는 유일한 힘이 전자기력이기 때문에 전자공학과라는 그 학과만이 우리가 원하는 식으로 제어를 할 수 있어요. 불을 켜거나 끄거나 다 속도를 바꾸는 거죠. 상태를 바꾸는 겁니다. 곰곰이 생각해보면 여러분들이 전자기기를 사용하지 않고서 할 수 있는 게 별로 없어요. 바로 여기까지가 고전역학이 되겠습니다.

모든 것은
원자로 되어 있다

원— 심지어는 제가 이렇게 팔을 드는 것도 전자기력의 작용 결과입니까?

욱— 그렇죠. 사실은 물리를 배운 사람도 그 사실을 잘 모를 때가 많습니다. 종종 '이건 전자기력이 아닌 것 같은데요' 하는 질문을 받습니다. 예를 들어, '마찰력도 전자기력인가요', '바람이 불어서 물체의 속도가 바뀌는 것도 전자기력인가요' 같은 질문들이죠. 답이 뭐냐고요? '네, 맞습니다. 다 전자기력 때문입니다'라는 것이 답이죠. 그게 모두 전자기력인 것을 설명할 수 있으면 물리를 제대로 공부한 겁니다. 어떤 것 하나 골라서 제가 설명해볼까요?

원— 주먹의 힘? 폭력? 그것도 힘이니까 그걸로 해볼까요?

욱— 주먹은 조금 복잡한데요. 주먹으로 제가 때렸을 때 아픔을 느끼는 이유는 주먹이 몸을 그냥 지나쳐가지 않아서 그런 겁니다. 상대가 유령이라면 주먹이 그냥 지나가버릴 텐데, 그러면 주먹이 아플 리가 없겠죠. 이게 가장 중요한 겁니다. 그렇다면 주먹은 왜 몸을 지나치지 못할까요? 아직 설명하지 않았지만 주먹이 어떤 것인가를 알기 위해서는 주먹을 확대해봐야 합니다. 아주 크게 확대를 하면 결국 원자가 보입니다. 제 주먹도 원자로 되어 있고, 몸도 원자로 되어 있죠.

아직 원자의 구조는 이야기 안 했지만 미리 살짝만 이야기하면, 원자 주위에는 전자가 돌고 있어요. 전자들끼리는 전자기력으로 서로 밀어내기 때문에 주먹이 제 몸을 지나치지 못한 겁니다. 사실 바람이 불 때에도 마찬가지인데, 바람을 맞는다는 것은 공기 원자들이 어딘가에 부딪히는 겁니다. 공기 원자가 어디에 부딪쳐서 튕겨 나오기 때문에 밀려가는 건데, 왜 튕겨 나오는지가 관건입니다. 튕겨 나온다는 것은 등속직선운동을 하던 물체가 속도를 바꾸는 것이기 때문에 거기에 작용하는 힘이 있어야 합니다. 결국 이 모든 것은 다 전자들 사이의 반발력 때문인데, 그것이 바로 전자기력입니다. 이런 문제는 대개 원자까지 가서 설명하면 되는데, 원자로 가면 모든 것이 다 전자기력이에요. 본론으로 들어가야 하니까 이 정도로 일단락하도록 하죠. 이제 물리학과 두 학기 분량 끝난 겁니다.

원— 그러면 이제 우리는 대망의 양자역학의 세계로 조금씩 들어가는 건가요?

욱— 조금씩 들어가지 않고 바로 쑥 들어갈 겁니다.

자, 정리를 좀 해보면 물리에서는 운동이 중요하다고 했고, 고전역학에서 운동은 주어진 시간에 위치와 속도로 규정된다고 했습니다. 이 두 가지를 모두 알아야 됩니다. 그다음에 운동법칙 '$F=ma$'는 속도의 변화를 기술하는 식이고, 어느 주어진 순간에 초기 조건인 위치와 속도를 모두 알면 그 뒤에 오는 모든 시간에 대해서 '$F=ma$'에 따라 모든 미래가 결정되어 있다는 겁니다. 원칙은 이렇지만 실제 미래의 모든 위치와 속도를 아는 건 쉽지 않아요. 그래서 우리가 날씨를 잘 예측하지 못하는 겁니다. 실제로는 어렵지만 원리적으로는 어느 주어진 순간에 우주에 존재하는 모든 물체의 위치와 속도를 전부 다 알면 미래가 결정되어 있습니다.

제 강연을 들으러 온 청중에게 이렇게 물어보면 어떨까요? "오늘 여기 오신 분들은 여기 왜 오셨나요?" 부모에게 끌려온 학생도 있겠지만, 대부분의 분들은 자신의 자유의지로 왔다고 주장할 겁니다. 오늘 다른 약속도 있었지만 이것 때문에 다 취소하고 왔다고 하실 분도 계시겠죠. 사실 미래가 결정되어 있다는 운동법칙의 관점을 잘 생각해보면, 누가 현재 그 위치에 있다는 건 어떤 힘 때문에, 이전에 어떤 위치로부터 여기까지 이렇게 '$F=ma$'의 식에 따라 온 것에 불과합니다. 지금 이 책을 읽는 당신의 현재의 위치는 대략 한 시간 전쯤에 이 지구와 우주를 이루고 있는 모든 물체들의 위치에서부터 이 '$F=ma$' 식에 따라 진행되어온 거예요. 여기까지는 동의하시겠어요? 원칙적으로 그래야 한다는 거잖아요. 한 시간이 멀다고 느끼신다면 1초라고 할게요. 현재의 모습은 1초 전의 모습에서 '$F=ma$'에 따라 온 겁니다. 여기서 여러분이 고개를 끄덕이시면 이제 말려드는 겁니다. 1초를 제가 한 시간 뒤로 미룰 것이고, 그 한 시간이 어제가 될 거고요. 사실 지금 현재 여기 있는 건 어제 결정된 겁니다. 그것이 금세 여러분이 태어난 순간으로 돌아갈 수도 있겠죠. 여러분이 태어날 때 지금 여기 있을 것이 예정되어 있었다는 거죠.

원 ― 그 1초에 고개를 끄덕이면 원리적으로는 계속 연장될 수가 있는 거죠.

욱 ― 지긋지긋한 결정론 이야기입니다. 여기까지 고개를 끄덕이시면 이제는 빅뱅까지 갑니다. 그러니까 그대가 죄를 지어도 자신의 죄가 아니에요. 빅뱅 때 이미 결정되어 있었던 거죠. 이것이 결정론의 무시무시한 결론인데요. 고전역학이 우리한테 이야기해주는 것이 바로 이거죠. 우주는 이미 모든 것이 다 결정되어 있으며, 일단 초기 조건이 다 주어지면, 그 이후의 미래는 우리가 바꿀 수 없다는 겁니다. 따라서 내가 사람을 죽여도 나는 죄가 없어요. 빅뱅을 할 때 결정되어 있었던 거니까요. 하지만 과연 그럴까요? 이건 철학적으로 지긋지긋한 문제입니다. 이 문제는 다시 나올 겁니다. 양자역학에 가면 지금까지 제가 이야기한 이런 모든 중요한 내용 하나하나가 다 뒤엎어지기 때문에 양자역학이 우리를 미치게 만드는 거죠.

원— 예. 그러면 이제 훌쩍 한번 들어가 보죠.

욱— 아까 첫 번째 이야기를 시작할 때는 물리학자가 세상을 보는 철학을 이야기했습니다. 본격적인 양자역학 이야기로 훌쩍 들어가기 위해서, 두 번째 이야기를 시작하면서 또 한마디를 하고 시작할게요. 또 리처드 파인만 이야기네요. 파인만이라는 사람이 위대한 물리학자이지만 재밌는 말을 많이 한 것으로도 유명하거든요. 여성 편력도 심했고요.

파인만이 이런 질문을 했습니다. "자연을 이해하는 가장 중요한 사실이 뭘까요?" 물론 파인만은 이런 식으로 하지 않아요. 질문이 참 재미없잖아요? 이 사람은 이 질문을 어떻게 하냐면, "자, 지구가 망해갑니다. 지구에서 다른 사람들은 다 죽었고요. 지금 여기에는 중·고등학생 10여 명이 살아남아 있어요. 저 혼자 어른이고 과학자입니다. 그런데 저는 죽어가고 있어요. 이 아이들이 인류의 유일한 생존자들이니 이들이 다시 인류의 문명을 일으켜야 해요. 제가 해야 할 일은 이 아이들한테 한마디를 해서, 그들이 그 말을 바탕으로 해서 다시 문명을 일으킬 수 있게 해야 되는 거죠. 만일 이런 상황에서 당신이 죽어가는 과학자라면 당신이 해주어야 할 한마디는 무엇입니까?" 이렇게 질문을 하죠.

원 ─ 지금 머리가 복잡하게 돌아가고 있죠?

욱 ─ 이런 입장이 되면 무척 골치가 아플 겁니다. 내 말 한마디에 인류의 미래가 걸려 있으니까요. 파인만이 자신은 1초도 망설이지 않고 이야기할 거라고 합니다. "모든 것은 원자로 되어 있다."

인류 문명의 역사를 통해 알아낸 모든 내용 가운데 하나를 고르라고 하면 자신은 이걸 선택하겠다는 거죠. 주변을 둘러보세요. 우주가 가진 가장 경이로운 점은 바로 다양하다는 거예요. 사람들을 보면 얼마나 다양합니까? 엄청나게 많은 사람이 있지만 생김새도 다르고, 목소리도 다르고, 머리나 피부 색깔도 다르고, 성격도 다 달라요. 사람뿐인가요? 딱딱한 책상도 있고, 말랑말랑한 빵도 있고, 번들거리는 숟가락, 날카로운 칼, 날아다니는 파리, 축축한 걸레, 투명한 유리, 시원한 바람, 푹신한 침대, 배고프다고 칭얼대는 강아지, 내 주변만 해도 세상은 얼마나 다양합니까. 우리 주위만 그런 게 아니라 멀리 다른 곳은 더욱더 다양한 것들이 존재하고 있어요.

하지만 이 모든 것이 원자라고 부르는 똑같은 걸로 되어 있다는 겁니다. 모든 것은 원자로 되어 있죠. 물리학은 모든 것을 운동으로 이해합니다. 결국 물리학에서 가장 중요한 일이 바로 원자의 운동을 이해하는 겁니다. 원자가 어떤 식으로 운동하는지를 기술하는 분야가 바로 양자역학입니다. 이제 양자역학이 얼마나 중요한 것인지 짐작하시겠죠. 한마디로 양자역학은 원자를 기술하는 학문입니다.

원자라는 말을 들어는 보셨죠? 원자를 영어로 아톰이라고 합니다. 나이 든 세대들은 아톰이라고 하면 옛날에 유명했던 만화 영화 <우주소년 아톰>의 로봇을 떠올립니다. 물론 양자역학의 원자가 로봇을 이야기하는 건 아닙니다. 고등학교 때 책에서 본 원자 그림은 가운데 공 같은 것이 있고 바깥에 전자가 도는 모습입니다. 마치 태양 주위에 지구나 화성 같은 행성들이 돌고 있는 거랑 비슷합니다. 사실 21세기를 살고 있는, 또는 20세기를 살았던 지구상의 문명인이라면 다 알고 있는 그림이에요. 원자의 구조는 단순합니다. 가운데 양전하를 띤 양성자와 전하를 띠지 않는 중성자로 이루어진 원자핵이 있고, 그 주위를 음전하를 띤 전자가 뺑뺑 돌고 있는 겁니다. 양자역학은 이것의 운동을 어떻게 이해할 건지에 관한 겁니다.

원― 원자핵이 있고 전자가 돈다. 그저 생각해 그린 그림인거죠?

<우주소년 아톰> 데즈카 오사무手塚治虫가 1952년부터 1968년까지 <쇼넨少年>이라는 잡지에 연재한 SF 만화이다. 인간과 로봇이 함께하는 21세기의 미래를 무대로, 소년 로봇 아톰의 활약상을 그렸다. 1963년부터 1966년까지 후지텔레비전에서 최초의 TV 애니메이션 시리즈로 방영되었으며, 이후 1980년에 다시 제작되었다. 일본에서 <아톰>은 아주 특별한 지위를 가지고 있다. 도쿄 다노다노바바역에서는 열차가 도착할 때마다 <아톰>의 주제곡이 나오는데, 그것은 이곳이 아톰의 탄생지이기 때문이란다.

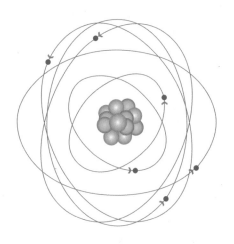

• 원자는 원자핵 주변을 전자가 뺑뺑 돌고 있는 단순한 구조를 가진다 •

욱― 생각해서 그린 것이지만 대충은 맞습니다. 바로 조금 전에 죽어가는 과학자가 남겨야 될 한마디 말이 바로 이 녀석에 관한 이야기였던 것이죠. 항상 그렇지만 우리가 잘 모르는 대상을 이해하려고 할 때 제일 먼저 해야 할 일은 그 대상의 본래의 면모를 가감 없이 아는 것이죠. 그래서 이런 그림이 갖고 있는 허점을 짚고 나서 양자역학의 세계로 들어갈 겁니다. 모두가 익숙한 이 그림에는 심각한 문제점이 있습니다. 원자핵이 볼록볼록하고 동그란 공들의 집합으로 그려져 있고, 전자도 동그라미로 그려져 있다는 걸 문제 삼으려는 것이 아닙니다. 물론 이렇게 생겼을 리가 없겠죠. 그것보다 더 중요한 것은 척도의 문제입니다.

원자는 너무 작아서 눈으로 볼 수 없어요. 머리카락을 잘라서

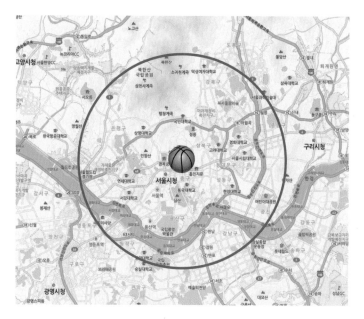

• 원자가 농구공 크기라면 전자는 10킬로미터 떨어진 거리에서 돌고 있는 셈 •

단면을 본다고 하면 눈으로는 보기도 힘들겠지만, 그 조그만 단면에는 원자가 10만 개에서 100만 개까지 들어설 수 있어요. 원자는 그 정도로 작습니다. 그러니 좀 확대를 해서 본다고 생각하겠습니다. 원자핵이야 당연히 원자보다 더 작은데, 그걸 아주 많이 크게 확대해서 농구공처럼 크게 만들었다고 가정해볼게요. 자, 여기 농구공 크기만 한 원자핵이 있습니다. 전자가 어디쯤 있을 것 같아요? 보통 원자 그림을 보면 그저 작은 방 안에서 돌고 있을 것 같다는 느낌이 들게 되죠? 원자 중에서 가장 작은 원자인 수소 원자의 예를 들어보겠습니다. 농구공이 수소 원자의 핵이라면, 전자는 여기서 10킬로미터 떨어진 거리에서 돌고 있어요.

전자는 크기가 거의 없어요. 수학적인 점에 가깝죠. 거의 이게 수소 원자입니다. 그런데 수소는 제일 작은 원자고, 다른 원자들은 이보다 더 큽니다. 원자핵은 크기가 거의 비슷합니다. 큰 원자들의 경우에는 농구공만 한 핵이 지구 중심에 있다고 하면, 제일 바깥에 있는 전자는 지구 표면 정도를 돌고 있어요. 그러면 그 사이는 텅 비어 있습니다. 여러분이 정상적인 생각을 가진 사람이라면 바로 질문을 해야 돼요. '원자가 텅 비어 있고, 내 몸이 원자로 되어 있다면 왜 꽉 찬 걸로 보이는 거죠?' 그렇죠? 지금 주위에 보이는 모든 것들은 꽉 차 있잖아요. 혹시 답을 아시겠어요?

원─ 아까 답이 대충 나왔던 것 같은데요.

욱─ 맞아요. 답이 이미 나왔죠. 제가 아까 주먹 이야기를 했잖아요. 사실 대개의 물질은 그 내부가 꽉 차 있지 않고 텅 비어 있는 겁니다. 거의 텅 비어 있는데 전자기력 때문에 가시광선의 광자가 그것을 통과하지 못할 뿐입니다. 가시광선이라는 전자기파가 여러분의 몸의 원자 구조를 그냥 지나가지 못하기 때문에 꽉 찬 것처럼 착각을 하는 겁니다. 이것들을 손으로 내리쳐보면 전자기력 때문에 그 사이를 지나 등속운동을 할 수 없습니다. 당신이 내리친 물체를 이루는 원자의 전자들이 당신 손을 이루는 원자에 있는 전자들을 밀어내기 때문이에요. 전자기력 때문에 그런 것이지, 실제 물질만을 보면 그 양은 거의 미미한 수준입니다.

물질이 텅 비어 있다는 것을 직접 보려면 가시광선 말고 엑스선이나 감마선으로 쬐어보면 됩니다. 그러면 아무것도 없는 것처럼 그냥 지나가는 것을 알 수 있습니다. 우주는 사실 거의 텅 빈 것이나 마찬가지입니다. 전자기력만 아니라면 여러분은 아무것도 없는 것이나 마찬가지인 겁니다. 물질을 얻으려고 아등바등하며 살지 마세요. 물질은 텅 비어 있는 겁니다. 아무것도 없어요. 이게 우리가 이해해야 할 대상입니다.

전자기파　전자기파(Electromagnetic radiation)는 흔히 빛이라 부르는 것으로, 물리적으로는 전자기적 현상이다. 전자기파는 전기장과 자기장의 두 가지 성분으로 구성된 파동으로, 광속으로 움직인다. 광자를 매개로 전달되며 파장의 길이에 따라 전파, 적외선, 가시광선, 자외선, X선, 감마선 등으로 나눌 수 있다. 사람의 눈에 보이는 빛을 전자기파 가운데 가시광선(visible ray)이라고 한다. 19세기 중반 제임스 맥스웰에 의해 그 존재가 예측되었고, 헤르츠에 의해 실험적으로 입증되었다.

하나가 두 개의 구멍을
동시에 지난다

욱— 오늘 저는 한 시간 안에 양자역학을 설명해야 하는 말도 안
되는 상황에 직면해 있습니다. 아마도 파인만이라면 더 짧게 끝
낼 수 있을지 모르지만, 저는 못합니다. 그래서 제 계획은 이렇습
니다. 가장 핵심이 되는 단 하나의 예를 가지고 전체를 한꺼번에
설명할 겁니다. 그래서 일단 원자 이야기는 이쯤에서 접겠습니
다. 대신 원자의 구성물인 전자를 가지고 실험을 하나 해볼게요.

전자를 가지고 복잡한 실험을 할 수도 있을 겁니다. 돌려보거
나 때려볼 수도 있고, 쉽게는 등속운동을 시켜볼 수도 있고요. 시
간만 있다면 아마 여러 가지를 해볼 수 있을 거예요. 그런데 제가
지금 하려는 건 아주 허탈한 것이에요. 양자역학 공부를 하다 보
면 아주 허탈한 질문을 많이 하게 돼요. 제가 뒤에서도 이런 것을
자꾸 할 겁니다. 너무나 당연해서 '그런 질문을 왜 하지?' 싶은 질

• 전자가 두 개의 구멍을 지나갈 때 무슨 일이 벌어질까? •

문을 자꾸 해야 되는데, 이 실험도 그렇습니다. 제가 전자를 가지고 어떤 실험을 할 거냐면, 두 개의 구멍을 통과시켜보려고 해요. 여기에 아래위로 긴 구멍 두 개가 있습니다. 검은 벽 앞에 두 개의 구멍이 있는 거예요. 이 구멍에다가 제가 전자를 던질 겁니다. 물론 여기에 아무거나 던져도 됩니다. 구멍이 좀 크게 나 있으면 사과를 던져도 돼요. 그러면 구멍이 두 개니까 이쪽 구멍으로 지나가거나 저쪽 구멍으로 지나가겠죠. 전자는 사과와 비교할 수 없을 만큼 작기 때문에 구멍이 아주 작아도 괜찮습니다.

　그런데 왜 이런 말도 안 되는 짓을 하려고 할까요? 전자가 두 개의 구멍을 지나갈 때 무슨 일이 벌어지는지 하는 문제에 양자역학을 이해하는 데 필요한 모든 것이 다 들어 있기 때문입니다.

만일 제가 여기에 전자가 아니라 당구공이나 테니스공 같은 걸 던지고 구멍을 지난 것들만 살펴봅니다. 뒤에 벽면을 세워두면 공들이 부딪히겠죠. 공들이 부딪힌 위치를 보면 두 개의 줄로 보일 거예요. 이건 너무나 당연해서 이야기할 필요조차 없는 것 같죠. 공들이 부딪친 벽면을 스크린이라고 부를 겁니다. 물론 구멍을 통과하지 못하고 벽에 부딪힌다면 튕겨 나와 흩어질 텐데 그건 제 관심사가 아닙니다. 구멍을 통과한 것만 보는 겁니다. 공대신 총을 쏘아도 됩니다. 총을 쏘면 스크린에 총알의 궤적이 남을 텐데, 이것 역시 두 개의 줄로 나타날 겁니다. 너무나 당연한 이야기를 하나만 더 할게요. 공이나 총알을 하나만 던지면 분명히 한 번에 단 하나의 공이나 총알이 이쪽 또는 저쪽 하나의 구멍만을 지날 겁니다.

사실 여기다 공만 지나게 할 수 있는 건 아니고, 다른 것을 통과시켜보아도 재미있을 겁니다. 이제 두 번째로 파동이라고 불리는 것을 통과시켜보도록 하죠. 파동이 무엇이냐 하면 물 위에서 볼 수 있는 물결파가 그 예입니다. 잔잔한 수면에 돌멩이를 하나 던지면 바깥으로 퍼져나가는 동심원의 무늬가 만들어지죠. 이게 바로 파동입니다. 우리 주변에서 볼 수 있는 파동의 가장 좋은 예가 바로 소리입니다. 우리가 목소리를 낼 때, 목청이 떨리고 그 떨림이 주변의 공기를 진동하게 만들어 공기 밀도를 진동시키죠. 이 진동이 고막까지 도달해서 그 소리를 듣게 됩니다. 소리가 비록 눈에 보이지는 않지만 틀림없이 존재하는 파동이죠.

파동과 입자에는 중요한 차이가 하나 있는데, 파동은 어디에 있는지 말할 수가 없어요. 다시 말해 위치를 정확히 이야기하기 힘듭니다. 무슨 말인지 '모르겠다고요?' 제가 지금 말한 '모르겠다고요?'라는 단어는 지금 '어디'에 있습니까? 귀에 이 말이 들리고 있으니 그 실체가 '어디'에 분명히 있는 것은 틀림없죠. 어딘가에 있다면 '어디'라는 단어가 어디에 있나요? 어디 있냐면 여러 사람들의 귀에 동시에 있습니다. 왜냐하면 소리라는 파동은 동심원을 그리며 나가기 때문에 그래요. 동시에 여기저기를 다 지나가는 겁니다.

이제 이 소리의 파동을 아까 입자를 가지고 한 것처럼 벽에 있는 두 개의 구멍을 통해 지나도록 해봅시다. 그러면 파동은 두 개의 구멍을 동시에 지나게 됩니다. 두 개의 구멍을 지난 다음에는 두 구멍 각각을 중심으로 다시 퍼지기 시작해서, 서로 간섭을 하여 복잡한 무늬를 만듭니다. 만약 소리를 눈으로 볼 수 있다면 스크린에는 줄이 여러 개 보이게 됩니다. 입자를 두 개의 구멍으로 보내면 줄이 둘만 나오지만, 파동을 보내면 여러 개의 줄이 나온다는 거죠. 파동은 동시에 두 구멍을 지나고 있기 때문에 그렇습니다. 다시 강조하지만, 입자와 파동은 서로 굉장히 많이 다른 겁니다.

원― 이게 생각보다 어려울 것 같아요. 혹시 모르니까 저희 프로

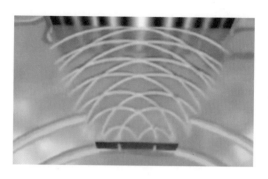

• 파동은 구멍을 동시에 통과하고 다시 또 퍼져나간다 •

그램의 취지가 이 중에서 가장 머리 나쁘고 가장 이해력이 떨어지는 사람도 알아들을 수 있을 정도로 쉽게 하자는 거니까, 아주 간단하게만 정리하자면 농구공은 하나 있고 구멍은 둘이 있단 말이에요. 이것을 하나씩 던지는 거예요. 그러면 농구공이 한 번에 두 개의 구멍을 지날 수 없으니 두 구멍 가운데 하나를 지나야 할 거 아니에요. 그렇게 열 번을 던졌어요. 그리고 이 농구공에 물감이 묻어 있으면 농구공이 구멍을 통과해 부딪친 벽에 두 줄로 자국이 남아 있는 거죠. 이렇게 공이든 사과든 뭐든 던지면 이런 현상이 일어나는데, 이건 결국 입자가 부딪친 결과와 같다는 거죠. 그리고 이것들은 그 위치가 어디 있는지를 확인할 수도 있죠.

그런데 파동이라는 것은 어디라고 위치를 지정할 수가 없게 퍼져나간다는 거죠. 그렇게 퍼져나가며 두 구멍을 동시에 통과하고 다시 또 퍼져나간다는 거죠. 그러니까 입자는 한 번에 한 구멍만 통과하지만, 파동은 입자와는 달리 두 개를 동시에 다 지날 수 있는 거죠. 그리고 구멍을 통과한 파동은 다시 점점 넓게 퍼져나가면서 원래 하나였던 파동이 두 개의 파동으로 통과해서 서로 간섭까지 한다는 겁니다. 사과나 농구공과는 달리 서로 겹치고 합쳐져 상쇄되고 증폭되면서 여러 개의 기둥이 생기는데, 두 개의 파동이 만나서 합쳐진 곳은 더욱 골이 높아지고, 상쇄된 곳은 없어진다는 겁니다. 이게 결국 입자와 파동의 차이입니다.

욱— 맞습니다. 사실은 처음에 이야기한 사과를 던진 결과는 너무 당연한 것입니다. 두 번째로 이야기한 파동은, 대체 갑자기 이 이야기를 왜 하냐는 생각이 드실 겁니다. 곧 이유를 아시게 됩니다. 이것이 중요한 것이니까 한 번 더 정리하자면, 두 개의 구멍을 지나는 상황에서 입자와 파동은 완전히 다르게 행동한다는 겁니다.

여기서 강조할 것은 전자는 분명 입자라는 거예요. 전자는 너무 작아서 눈에 보이지 않습니다. 전자를 발견했을 때 사람들이 그 특성을 알아내려고 많은 실험을 했습니다. 옛날에 브라운관이 달린 텔레비전을 봤던 사람들은, 브라운관 안에서 전자가 날아다닌다는 사실을 알고 있을지도 모르겠네요. 모르는 사람이 더 많을 수 있겠지만, 브라운관이라는 건 그 안에서 날아가는 전자의 위치를 자기장과 전기장으로 제어하는 겁니다. 이렇게 제어된 전자를 브라운관 스크린의 적절한 지점으로 보내서 스크린에 입혀진 형광물질과 접촉하면서 빛을 내는 겁니다. 그런 방식으로 빠르게 스크린 전체를 훑어가며 그림을 한 번 그렸다 지웠다 하면, 그것이 우리 눈에는 연속적인 화면으로 보이게 되죠. 이게 바로 옛날 사용하던 브라운관 텔레비전의 원리거든요.

사실 전자를 처음 발견했을 때, 바람개비에다 대고 쏘는 실험을 했습니다. 그렇게 하면 바람개비가 돌아가요. 질량도 잴 수 있죠. 그러니까 우리는 수많은 실험을 통해서 전자가 입자임을 알고 있어요. 따라서 전자를 이렇게 두 개의 구멍으로 보냈을 때 사람들의 기대는 당연히 두 개의 줄이 나와야 한다는 거였어요. 전자는 입자니까요. 전자가 브라운관 텔레비전의 스크린에 부딪칠 때는 한 점에서 반짝 빛이 납니다. 다시 강조하지만 전자는 알갱이로 된 입자임은 분명해요.

그런데 놀랍게도 두 개의 구멍을 지난 전자는 마치 소리를 보낸 것처럼 스크린에 여러 개의 무늬로 나타났죠. 이건 말도 안 되는 결과입니다. 이걸 어떻게 이해해야 할까요? 전자가 파동이라고 하면 될까요? 만일 전자가 파동이라면 동시에 두 개의 구멍을 지났다고 할 수 있습니다. 그런데 어떻게 하나의 입자가 동시에 두 개의 구멍을 지날 수 있지 하는 의문이 생깁니다. 또 전자가 파동이었다면 왜 스크린에 하나의 점으로 나타나는지 하는 의문도 생깁니다. 문제점이 한둘이 아닙니다만, 실험 결과는 엄연한 사실입니다. 이제 과학자들이 할 일은 이 사실을 가지고서 우

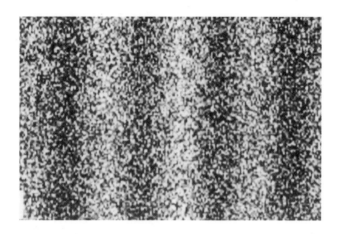

리가 알고 있는 지식과 잘 연결해서 모순 없이 설명하는 방법을 만들어내는 겁니다. 그렇기 때문에 양자역학이라는 학문은, 이런 말도 안 되는 결과를 설명하기 위해서 우리가 가진 모든 지식을 총동원하여 끼워 맞춰서 만든 새로운 역학 체계입니다. 이 기가 막힌 결과를 어떻게 설명할 건지 이제 지켜보세요. 언뜻 보기에 정상적인 방법으로는 해결될 것 같진 않죠?

원— 알갱이를 저렇게 던졌는데 뒤에는 파동 무늬가 나타난 거니까 그걸 설명하려면 일반상식으로나 경험적으로는 참으로 어려운 문제가 되겠네요.

욱— 그래서 오만 가지 짓을 해봅니다. 사실 생각할 수 있는 첫 번째 가능성은 전자들끼리 서로 짜고 나온다는 거예요. 한 번에 하나의 구멍을 지나지만, 지나면서 "너는 저리로 가, 나는 이리로 갈게" 하고 서로 짤 수도 있잖아요. 그리고 누가 알겠어요? 전자도 생명을 갖고 생각도 하는지는 아무도 모르니까요. 그래서 어떤 실험을 해보냐 하면, 전자를 한 번에 하나씩만 쏩니다. 하나를 쏘고 가만히 기다려요. 그래서 그 전자가 날아가서 스크린에서 하나의 점만 번쩍할 때까지 기다려요. 이런 식으로 실험을 해봤는데, 물론 하나씩 쏘니까 시간이 한참 많이 걸리기는 하지만, 다시 여러 개의 줄무늬가 생기고 맙니다. 그래서 이것은 전자들끼리 짜고 그러는 건 아니라는 사실을 알게 되었죠. 이것 말고도 과학자들은 생각할 수 있는 모든 종류의 가능성들을 다 테스트해 봅니다.

실제로 실험을 할 때 스크린을 보면 전자 하나에 점이 하나씩 찍혀요. 전자는 작은 입자니까 한 번에 하나씩 찍히지만, 이것을 계속 반복하면 점들이 모여 여러 개의 복잡한 줄무늬가 나오는 겁니다. 그러니까 일단은 전자가 파동처럼 행동한다고 해야 합니다. 그렇다면 전자가 두 개의 구멍을 동시에 지나는 일도 할 수 있어야 합니다. '하나의 전자가 두 개의 구멍을 동시에 지났다'는 실제 물리학자들이 쓰는 표현이에요.

양자역학에 따르면 전자는 동시에 두 개의 구멍을 지납니다. 이런 말을 쓰기에는 상식적으로 이상하니까 물리학자들은 '중첩'이라는 새로운 용어를 만듭니다. 새로운 용어를 만들면 이상해도 그냥 넘어갈 수 있잖아요. 전자는 중첩된 두 개의 궤적을 지나면서 마치 파동처럼 행동합니다. 하지만 마지막으로 스크린에 도달할 때 다시 입자로 환원됩니다. 왜냐하면 스크린에는 점이 한 개 찍히니까요. 과학자들은 이것을 입자의 상태로 '붕괴한다'라고 표현합니다.

자, 여기까지가 바로 양자역학 해석의 핵심인데 정말 이상하죠? 이 해석에는 이름이 붙어 있습니다. 사람의 이름을 따서 이론이나 해석의 이름을 짓는 것이 보통인데, 이 경우는 이 해석이 만들어진 도시 이름을 땄습니다. 덴마크의 수도 코펜하겐에 모인 과학자들이 내린 해석이기 때문에 '코펜하겐 해석'이라고 부르죠. 여기에는 이미 이야기한 것처럼 굉장히 많은 이상한 내용들이 들어 있는데, 바로 양자역학의 괴상한 실험 결과들을 설명하기 위한 겁니다. 그러면 코펜하겐 해석의 내용을 정리해보겠습니다.

코펜하겐 해석 코펜하겐 해석Copenhagen interpretation은 양자역학에 대한 정통 해석으로, 닐스 보어와 베르너 하이젠베르크 등에 의해 제시되었다. 그 논의가 이루어진 장소였던 도시 코펜하겐에서 따온 이름이다. 20세기 전반에 걸쳐 가장 영향력이 컸던 과학 해석으로 꼽힌다. 측정이 대상에 영향을 주기 때문에 위치나 운동량 같은 기본 물리량을 아는 것이 원리적으로 불가능하다고 주장한다. 측정을 하면 대상의 상태에 불연속적인 변화가 일어나는데 이를 붕괴라고 부른다. 아인슈타인과 슈뢰딩거 같은 양자과학자들은 동의하지 않았으며, 이 때문에 격렬한 논쟁의 대상이 된다.

우선 입자인 전자가 파동성을 갖습니다. 그렇다면 전자는 입자일까요, 파동일까요? 입자와 파동은 완전 다른 겁니다. 그래서 이런 두 성질을 다 가진 것을 이중성이라고 부릅니다. 세상의 모든 물질은 입자성과 파동성을 모두 지닙니다. 이중성이라는 것이 여전히 찜찜하게 느껴지지 않나요? 여러분이 실제로 이것이 입자인지 파동인지를 알려면 건드려봐야 돼요. 즉, 측정을 해보면 되죠. 파동인지 입자인지를 알려고 관측을 해보면, 이중성 가운데에 한 개의 성질만을 보여줄 수 있습니다. 두 성질을 동시에 볼 수 있는 실험은 절대 할 수 없습니다. 이것이 바로 닐스 보어라는 물리학자가 이야기한 상보성입니다.

우주는 이중성을 가지고 있고요, 관측할 때 변화가 일어납니다. 앞에서 이야기한 실험에서 언제 변화가 일어나는 거냐면, 우선 전자가 진행할 때에는 파동입니다. 두 개의 구멍은 동시에 파동으로 지나가고, 마지막 스크린에 부딪히는 순간 이 전자는 입자로 변화됩니다. 그때 관측이 일어나는 거죠. 쉽게 말해서 여러분이 전자가 스크린 위의 어디에 있는지를 물어보는 거예요. 위치를 측정하는 겁니다. 이때 관측이 일어납니다. 이 관측이 대상을 파동에서 입자로 변화시키죠. 그래서 공간적으로 퍼져 있던 파동의 형태가 측정이 되고 나면 하나의 점, 입자로 갑자기 바뀌는 일이 벌어지는 겁니다.

결국 코펜하겐 해석에서는 관측을 당하는 대상과 관측을 하는 주체 두 가지로 우주를 나누어 생각해야 합니다. 누가 관측하는지 누가 관측 당하는지를 먼저 이야기해야 된다는 거죠. 여기서 코펜하겐 해석의 기본 입장은 이렇습니다. 관측을 하는 것은 큰 세상, 즉 우리와 같은 거시세계의 물체입니다. 뉴턴역학과 고전역학을 따르는 세계죠. 양자역학을 따르는 미시세계, 원자 크기의 작은 물체는 관측을 당하는 개체가 되는 겁니다. 그리고 관측은 대상에 영향을 주어 상태를 바꿉니다. 이게 양자역학의 표준해석이라 할 수 있는 코펜하겐 해석이에요.

자연이 이상한 게 아니라
우리 머리가 이상해

원 — 이런 이야기가 괜찮을지 모르겠네요?

욱 — 괜찮지 않을 거예요. 지금은 미봉책으로 억지로 막은 겁니다. 실험에서 나온 말도 안 되는 결과를 설명하기 위해 우리가 알고 있는 지식을 총동원해서 짜깁기로 막 그냥 막아놓은 것일 뿐입니다. 그런데 문제는 이렇게 그냥 막아놔도 되느냐는 거예요. 막아놓으면 이것이 자체 모순을 일으키지 않느냐 하는 것인데, 이제부터는 바로 그 이야기를 할 겁니다. 그 모순을 다 해소하도록 만들 수 있다면 좋겠죠. 뒤에 보면 알겠지만 아직 그게 모순이 없이 모두가 동의할 수 있는 형태로 되어 있는 것이 아니기 때문에, '아직 양자역학을 다 이해한 게 아니다'라는 말이 나오는 겁니다. 하지만 이런 말도 안 되는 것들이 다 옳다고 믿으면 일단 양자역학은 잘 작동합니다.

사실 양자역학의 코펜하겐 해석을 만든 과학자들은 '우주는 문제가 없고, 이걸 이상하다고 느끼는 인간한테 문제가 있다'라고 이야기를 합니다. 이중성을 지니는 파동과 입자는 원래 하나인데, 인간의 언어가 파동과 입자라는 걸 따로 기술한다는 거죠. 이미 사람들 머릿속에 그 개념이 그렇게 따로 자리 잡고 있기 때문에 문제가 생기는 거지, 우주에서는 그것들이 동시에 존재하는 것 자체가 자연스러운 것이고 문제가 없다는 거예요.

이런 비유를 들어보죠. 우리는 3차원의 세상에 살고 있지만, 만일 2차원에 사는 생명체가 있다고 해봅시다. 2차원 세계에는 두 종류의 동전이 있습니다. 하나는 앞면이라는 동전이고 다른 하나는 뒷면이라는 동전이에요. 이 둘은 완전히 다른 거거든요. 만일 2차원에 살고 있다면 한쪽 면밖에 볼 수 없어서 그렇죠. 2차원 사람들은 이 두 동전은 전혀 다른 거라고 굳게 믿고 있습니다. 그런데 어느 날 대단히 뛰어난 사람이 나타나서 그 동전을 뒤집어봅니다. 그들에게는 뒤집는다는 개념이 아예 없죠. 여하튼 그냥 뒤집었더니 앞면이 뒷면으로 바뀐 겁니다. 이게 바로 이중성입니다. 이들에게는 뒤집는다는 개념은 없고, 앞면과 뒷면은 완전히 다른 용어입니다.

사실 이 상황을 우리 같은 3차원의 사람이 바라봤을 때는 전혀 놀랄 일이 아닙니다. 앞면과 뒷면을 따로 생각한 것이 잘못된 거죠. 그냥 동전이라는 단어가 새로 필요한 겁니다. 그러니까 양자

• 2차원 세계에서 동전의 앞면과 뒷면은 전혀 다른 세계 •

역학이 우리한테는 바로 그런 거라는 거예요. 그래서 입자와 파동을 따로 아는 것은 바로 앞면과 뒷면이고, 이 둘이 동시에 있는 새로운 개념이 필요합니다. 아니, 그저 새로운 단어가 필요할 뿐입니다. 아직도 우리에게는 적절한 단어가 없어요. 그리고 측정을 통해서 변화가 일어난다는 것이 뒤집는다는 겁니다.

그런데 우리는 2차원의 사람들이 동전에 대해서 그래왔듯이 단지 지금까지 그런 걸 본 적이 없어요. 한 번도 우리 경험 속에서 보지 못했지만 실제로는 그렇게 작동하고 있다는 것을 물리학자들이 알아냈습니다. 이제 우리한테는 그 개념을 받아들이는 것만 남아 있다는 거예요. 이것이 코펜하겐 해석의 대표자 닐스 보어의 입장입니다. 우리가 할 일은 단지 이 해석을 받아들이는 일뿐이라는 거죠. 쉽지는 않습니다. 자, 이게 지금의 상황입니다.

원— 이게 사실 쉬운 이야기가 아닙니다.

욱― 이제 핵심은 거의 다 이야기했어요. 이게 전부입니다. 양자역학의 거의 모든 걸 다 이야기한 겁니다. 남은 건 이렇게 해도 괜찮을까 하는 걱정뿐이죠.

원― 아무튼 지금 이야기한 대로 이 세계가 우리가 살면서 눈으로 보고 경험할 수 있는 그런 세계하고는 꽤나 거리가 있기 때문에, 입자와 파동이 동시에 존재한다는 걸 여기서 그렇게 말을 하기는 해도, 그걸 그린다고 하면 우리가 경험한대로 그림을 그리려고 하니까 잘 그려지지 않죠. 그렇죠. 입자이면서 동시에 파동인 것이 무엇인지가 아직 안 떠오르는 거죠. 왜냐하면 이런 것은 우리 경험 세계 밖에 있기 때문이죠. 이런 방면으로 깊이 들어가서 측정을 하고, 수식을 동원하고, 새로운 개념을 수용해야만 겨우 그 그림자를 볼 수 있는 건데, 이게 상상하기 그리 쉽지 않은 거죠.

아까 2차원을 동전으로 설명했지만, 예를 들자면 우리가 조금만 이상하거나 다르면 4차원이란 이야기를 많이 하잖아요. 여러분 이런 걸 한번 상상해보세요. 보통 3차원이라는 것은 x축과 y축과 z축 3개의 공간축이 있는 거잖아요. 그래서 우리는 보통 높이가 있고 길이가 있고 넓이가 있고 이런 식으로 살아가는 것만을 알고 있는데요.

그런데 만일 4차원을 상상해보자면 x축과 y축과 z축에다 다시 이 세 축과 직각이 되는 축을 하나 더 세워보자고 주문을 한다면 지금 이게 가능한가요? 3차원 세상에서 우리가 살아가는데 여기

자연이 이상한 게 아니라 우리 머리가 이상해 | 5 7

에다가 정체도 알 수 없는 그 세 축과 90도를 이루는 다른 하나의 축을 더 세우자고 이야기를 하면, 우리 머릿속에서는 이건 만들 수 없다는 말입니다. 왜냐하면 우리는 그런 세계 속에서 살고 있지 않기 때문이거든요.

그렇기 때문에 지적인 노력과 가정과 수학이라든가 이런 도구들이 동원되지 않으면, 이 사실을 받아들이기는 굉장히 힘든 거예요. 딱 막히는 거죠. 그래서 이것을 직접 직관적으로 여러분들이 그림을 그리고 이해하려면 절대로 이해할 수 없고요. 정말 머리를 써서 한 걸음 한 걸음씩 접근하다 보면, 우리가 알지 못했던 이 세상의 그림자들을 차츰 따라잡을 수 있다는 이야기죠.

욱 ― 이제 핵심은 다 이야기했습니다. 그러면 이제 여기서 나오게 되는 여러 가지 부산물들, 특히 모순들을 말하면 될 것 같습니다. 일단 코펜하겐 해석을 받아들이고 다시 처음으로 돌아가 봅시다.

전자는 파동의 성질을 갖습니다. 그러면 도대체 이 파동의 정체가 무엇인지가 첫 번째 의문입니다. 소리 같은 경우는 공기의 밀도나 압력의 파동입니다. 파동은 반드시 무언가의 파동이어야 합니다. 전자의 간섭무늬는 무슨 파동의 귀결일까요? 이에 대한 중요한 단서가 있습니다. 전자의 파동성은 여러 개의 전자를 보냈을 때에만 보인다는 겁니다. 하나의 전자를 두 개의 구멍에 보내면 스크린에는 하나의 점만 보입니다. 전자의 파동성이 보여주는 여러 개의 줄무늬는 수많은 전자를 보내서 만든 패턴이라는 겁니다. 여기에 파동의 본질이 들어 있습니다.

주사위를 던졌을 때 1이란 숫자가 나올 확률은 6분의 1이라고 하잖아요. 주사위를 한 번 던졌을 때 이 말은 무슨 의미를 가질까요? 한 번 던지면 1이 아닌 다른 숫자가 나오는 경우가 더 많겠죠. 어떤 숫자가 될지는 모르지만 정확한 하나의 숫자만 나옵니다. 6분의 1이라는 확률은 주사위를 아주 여러 번 던질 때만 의미가 있습니다. 6,000번을 던지면 대략 1,000번 정도는 1이 나온다는 말이죠. 이게 일종의 패턴이라는 겁니다.

전자가 만드는 줄무늬 패턴도 정확히 그런 겁니다. 하나의 입자에 대해서는 점이 한 개 찍힐 뿐이지만 여러 개가 모였을 때 이렇게 행동한다는 사실, 즉 하나의 입자에 대해서 이 패턴의 의미를 생각해보면, 그건 바로 입자가 어딘가 가게 될 확률을 뜻하는 겁니다. 그래서 막스 보른이라는 과학자는 이 파동을 확률의 파동이라고 해석하게 됩니다. 주사위를 여러 번 던지면 패턴이 나오듯이, 여러 개의 전자를 보내어 나오는 패턴을 양자역학이 알

막스 보른 막스 보른Max Born(1882∼1970)은 독일의 이론물리학자이자 양자역학 개척자의 한 사람이다. 하이젠베르크, 요르단과 함께 양자역학의 성립에 결정적인 역할을 했다. 입자산란의 연구에서 파동함수에 확률적인 해석을 부여하여 아인슈타인의 격렬한 반대를 받았다. 1954년에 노벨 물리학상을 수상했다.

려준다는 것이죠. 그렇지만 주사위를 한 번 던지거나, 아니면 전자를 하나만 쏘아서는 뭐가 나올지는 아무도 모릅니다. 확률의 파동이라면 그래야만 한다는 겁니다. 즉, 우리는 여기서 불가지론의 영역에 들어가게 됩니다. 양자역학은 근본적으로 개별 사건에 대해서는 예측이 가능하지 않습니다. 즉, 뉴턴역학의 결정론을 포기하는 겁니다. 그리고 확률론의 세계로 들어서게 되죠.

원— 파동이라는 게 우리에게는 소리와 같은 공기의 파동이든지, 아니면 물에 돌 떨어뜨렸을 때 수면에 일어나는 물결과 같은 거 잖아요. 그렇게 매질도 있고 이런 걸 우리는 파동이라고 여기고 있고, 그런 파동을 아까와 같은 두 개의 구멍을 지나게 했을 때 간섭이 일어나서 일정한 무늬가 생기는데, 이 전자는 무슨 공기나 물과 같이 어떤 매질도 없는데, 그러니까 아무것도 없는데 저런 파동의 확률을 만들어낸다는 거잖아요. 결국 이런 이야기는 일반인들에게는 굉장히 낯설고 이해하기 어려운 개념이거든요. 그런데도 실제로는 어떤 패턴을 만들어낸다는 거잖아요.

욱— 그렇죠. 사실 이렇게 확률이 도입되었을 때 물리학자들의 저항이 굉장히 거셌습니다. 왜냐하면 물리법칙이라 하면 미래를 완벽하게 예측 가능하게 해주는 그런 것이어야 한다고 믿어왔기 때문이죠. 특히 저항의 선봉에 선 사람은 다른 사람도 아닌 아인슈타인이었습니다. 아인슈타인이 죽을 때까지 양자역학을 거부한 이유의 하나가 바로 이 확률 해석 때문입니다. 사실 확률 해석을 제안한 막스 보른은 이 바람에 아인슈타인의 눈 밖에 났고, 전설 같은 이야기지만 아인슈타인의 반대로 노벨상도 다른 사람들에 비해서 굉장히 늦게 받았다고 합니다. 어쨌든 이것이 물리학자들을 굉장히 당혹스럽게 했던 양자역학의 첫 번째 중요한 철학적 귀결입니다.

자, 두 번째 이야기는 조금 더 미묘한데, 아까 제가 전자가 파동처럼 행동한다는 것은 두 개의 구멍을 동시에 지나간다는 뜻이라고 이야기했습니다. 왜냐하면 만약 전자가 분명히 한 번에 한 개의 구멍을 지나갔다면 줄이 두 개밖에 안 나와야 됩니다. 왼쪽으로 갔거나 오른쪽으로 갔으면 줄이 두 개만 나와야 하는데 동시에 지나면서 파동처럼 서로 간섭을 한 거죠. 사실 여기서 사용된 '서로'가 웃기는 말입니다. 하나의 전자가 서로 간섭을 한 거니까요. 이건 노벨상을 받은 물리학자 폴 디랙이 한 이야기를 그대로 옮긴 겁니다. 전자는 자기 자신이 자기 자신과 서로 간섭한 겁니다. 마음이 아프죠.

원 ─ 모태 솔로? 스스로 자신과 결혼한다고요?

폴 디랙 폴 디랙Paul Dirac(1902~1984)은 초창기 양자역학을 탄생시킨 영국의 이론물리학자로, 1933년 슈뢰딩거와 함께 노벨 물리학상을 수상했다. 특수상대론과 양자역학을 결합한 상대론적 양자역학에 큰 공헌을 했다. 반입자의 존재를 예측했으며, 이는 곧 실험적으로 입증되었다. 대인기피증이라고 할 만큼 내성적인 성격으로도 유명하다.

욱 ― 사실 인간사로 보면 혼자서 자신과 결혼을 하는 것처럼 아주
비참한 거죠.

원 ― 이게 우주의 본질이래요.

"내가 달을 보지 않으면
달은 거기에 없는 것인가?"

욱 – 물리학자는 호락호락한 인간들이 아닙니다. "동시에 두 개의 구멍을 지났다고? 말도 안 돼! 좋아, 그러면 실제 어디로 지나가는지 보면 될 거 아냐?" 그래서 진짜 동시에 두 개의 구멍을 지나는지 사진을 찍어 확인해봅니다. 사진을 찍는다는 건 결국 본다는 거예요. 그런데 정말 재미없게도 사진을 찍으면 전자는 하나의 구멍만 지나가요. 전자는 입자이기 때문에 분명히 하나만지납니다. 왼쪽 또는 오른쪽의 한 구멍만 지난다고요. "아니, 동시에 지난다면서? 거짓말한 거 아니야?" 거짓말한 게 아닌 것이여러분이 만약에 사진을 찍으면서 스크린을 보면 두 개의 줄만나옵니다. 무슨 말이냐 하면 자체 모순은 일어나지 않는다는 거예요. 그럼 아까 이야기한 여러 개의 줄무늬는 무엇이냐는 것이죠. 전자가 어디를 지나는지 보지 않으면서 실험을 하면 앞서 말

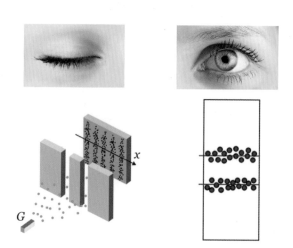

• 전자를 관측 안 하면 여러 줄, 관측하면 두 줄이 나오는 기묘한 현상! •

한 대로 또 여러 개의 줄무늬가 나옵니다.

정리해보죠. 여러분이 보고 있으면 두 줄이 나오고, 보지 않으면 여러 줄이 나옵니다. 마치 전자가 자기 자신이 관측을 당하는지 아닌지를 아는 것처럼 행동을 하고 있습니다. 이거 정말 미칠 노릇이죠. 미칠 일이지만 이게 사실이니까, 이제는 이것을 설명해야 됩니다. 이것은 정말 모순처럼 보이지만 양자역학의 체계에서는 문제가 없습니다. 코펜하겐 해석에 따르면 관측이 결과를 바꾼 것에 불과합니다. 어느 구멍을 지났는지 알겠다는 뜻은 이 물체가 입자임을 확인해야겠다는 겁니다. 그래서 그런 실험을 한 겁니다. 그렇게 하면 스크린에는 입자의 성질을 갖고 있을 때의 결과가 보여야만 모든 게 서로 잘 들어맞는 거죠. 자연은 모순이 없도록 행동한 거니까, 문제는 자연에 있는 게 아니라, 이해를 못하는 우리에게 있는 겁니다.

이제 양자역학에 대한 직접적인 공격들을 하나씩 살펴보죠. 첫 번째가 확률에 대해서 아인슈타인이 저항을 하면서 한 유명한 말입니다. "신은 주사위를 던지지 않는다." 사실 과학자가 신 이야기를 하면 그건 이미 진 겁니다. 이건 과학적 근거가 있는 말이라고 보기도 힘들어요. 어떤 주장에 대한 반박은 과학적 실험이나 수학적 근거를 들어서 해야지, 신이라는 이야기가 나왔다는 것은 완전히 궁지에 몰렸다는 이야기죠. 나는 이렇게 믿는데, 그렇지 않으니까 못 받아들이겠다는 것이죠. 아인슈타인이 양자역학을 거부하면서 물리학의 모습은 이래야 한다고 하는 것은 어떻게 보면 오만할 수도 있는 이야기입니다. 결국 물리학은 결정론적이어야 한다는 믿음을 드러낸 것뿐이니까요. 우주는 원인과 결과가 분명히 있어야 한다는 것이고, 양자역학은 그렇지 않으니까 자기는 받아들일 수 없다는 말입니다. 오늘날 대다수의 물리학자는 신은 주사위를 던진다고 생각합니다.

두 번째 공격은 좀 심각합니다. 양자역학에서 생기는 여러 가지 기묘한 부분마다 등장하는 해결사가 관측입니다. 근데 곰곰이 생각해보면 관측이라는 것이 무엇인지 물리적으로 그리 명확하지 않아요. 전자가 구멍을 지날 때 사진 찍던 경우를 생각해봅시다. 관측이 결과에 영향을 주기 때문에 모순은 없다고 했는데,

좀 생각해보면 아주 괴상한 결론이 나올 수 있습니다. 이미 말한 것처럼 전자를 보지 않으면 동시에 두 구멍을 지나는 것처럼 행동합니다. 그런데 막상 보면 어딘가 한 군데를 지난 거고요. 그러면 이렇게 생각하는 것은 어떨까요? '내가 보지는 않았지만 사실은 오른쪽(혹은 왼쪽)으로 지났겠지' 하고 생각하는 거죠.

그런데 이렇게 생각하면 안 된다는 거예요. 보지는 않았지만 무슨 일이 일어났을 거라고 가정하면 바로 문제가 생깁니다. '실제 오른쪽으로 지났는데, 단지 안 봤을 뿐이다'가 옳다면 나만 모르는 것이지 어쨌든 전자는 하나의 구멍을 지난 겁니다. 그러면 여러 개의 줄무늬는 절대 나올 수 없습니다. 따라서 양자역학에서는 내가 보지 않았다면, 어떤 것도 이야기하면 안 된다는 결론에 도달합니다. 즉, 관측 이전에 대상의 상태에 대해서는 우리가 절대로 알 수가 없는 겁니다. 그것은 내가 모르는 게 아니라 원리적으로 알 수가 없어야 해요. 좀 어려운 말로 하자면 '주관적 무지'가 아니라 '객관적 무지'라는 말입니다. 이걸 부정하면 양자역학이 다 무너지죠.

만일 어떤 물체를 봤더니 검은색이라면 그건 고전역학 입장에서는 원래 검은색이었기 때문이죠. 본다는 것은 원래 그 물체가 가지고 있던 그 색깔을 확인하는 겁니다. 그렇지만 양자역학은 내가 보지 않았을 때에는 여기 뭐가 있는지도 이야기를 하면 안 됩니다. 내가 보는 순간 여기 이 물체는 검은색으로 바뀐 겁니

• "내가 달을 보지 않으면 달은 거기에 없는 것인가?" •

다. 그 전에는 무슨 색인지 모릅니다. 측정 전의 상태에 대해 이 야기하면 안 된다는 거예요. 이에 대해서 아인슈타인은 일침을 날립니다. "그렇다면 내가 달을 보는 순간 달이 그 위치에 놓이는 거니까, 내가 달을 보지 않으면 달은 거기에 없는 것인가?" 코펜 하겐 해석 지지자라면 그렇다고 해야 하는데 어딘가 불편한 느낌 이 들지 않나요?

이제 좀 더 괴롭혀 드리죠. 내가 보지 않았지만 내 옆에 있는 사람이 봤다면 달이 거기 있어도 되는 걸까요? 근데 나는 아직 안 봤거든요. 그러면 언제부터 달이 거기 있게 된 것이죠? 언제 달 이 거기 생기게 된 거죠? 첫 번째 호모사피엔스가 달을 봤을 때 거기에 생긴 건가요? 그 전까지는 존재하지도 않았다가 인간이 달을 봤을 때 생겼다면 그건 너무 인간 중심적인 생각이잖아요. 모든 생명체로 확장해볼까요? 그렇다면 눈을 가진 어떤 생명체가 처음 달을 본 순간 달이 생긴 걸까요? 삼엽충에게 겹눈이 달려 있었다는데, 초점은 잘 맞지 않아 뿌옇게 보였을 겁니다. 첫 번째 삼엽충이 달을 봤을 때 달이 생긴 건가요? 아니면 아예 지구가 없었으면, 만에 하나라도 지구에 생명체가 나오지 않았다면 이 세상에 달은 없는 건가요?

유진 위그너라는 물리학자가 "양자역학은 마치 지능을 가진 생명체를 필요로 하는 것처럼 보인다. 이건 정말 이상한 일이다"라는 이야기까지 하게 됩니다. 곧 관측 이전에는 아무 말도 할 수 없기 때문이에요. 이 문제의 초점은 관측이라는 것이 양자역학에서 굉장히 중요한 위치를 점하고 있는데, 그 주체가 누군지 모르겠다는 거예요. 이 문제는 간단하지 않습니다. 코펜하겐의 해석으로 전자가 두 개의 구멍을 지나는 문제를 땜질로 간신히 막아놨는데, 이게 그렇게 막을 수 있는 문제인지 생각해봐야 해요. 곧 이야기하겠지만, 사실 지금은 이 문제에 대해서 어느 정도 답

유진 위그너　유진 위그너Eugene Wigner(1902~1995)는 헝가리 태생 미국인 물리학자이자 수학자로, 1963년에 노벨 물리학상을 수상했다. 양자역학에서 대칭이론에 대한 기초를 세우는 데 공헌했고, 원자핵의 구조와 여러 가지 수학적 정리에 관한 중요한 업적을 남겼다.

을 가지고 있습니다.

원 — 여기 이제 아인슈타인이 한 이야기가 지금 나와 있습니다. 우리가 보지 않으면 달은 없는 것인가? 그런데 이런 질문은 처음 아인슈타인이나 양자역학에 의해서 나온 게 아니고 17, 18세기에 영국 관념론에서 시작된 겁니다. 데이비드 흄이라는 철학자가 있고 흄이 영향을 받은 성직자 조지 버클리 같은 사람들은 '존재하는 것은 지각되는 것이다'라는 이야기를 했어요. 다시 말하면 '지각되지 않는 것은 존재하지 않는다'라는 이야기인데 지금 이 이야기하고 똑같은 겁니다.

내가 만일 뒤에다가 컵을 분명하게 놔두었어요. 그런 다음에 돌아앉았습니다. 사람들이 아무도 없다 치고 나 홀로 방에 있는데, 이 컵을 놔두고 내가 고개를 돌리면 이 컵이 있는지 없는지는

데이비드 흄 데이비드 흄David Hume(1711~1776)은 영국 스코틀랜드 출신의 철학자이자 경제학자이며 역사가이다. 서양철학과 스코틀랜드 계몽운동에 관련된 인물 중 손꼽히는 인물이며 경험을 중시한 철학자이다. 역사가들은 대개 흄의 철학을 회의론의 연장선상에 놓은 것으로 보고 있다. 그러나 많은 학자들이 자연주의적 요소가 흄의 철학에서 중요하게 다뤄지고 있다고 여기고 있다.

조지 버클리 조지 버클리George Berkeley(1685~1753)는 아일랜드의 철학자이며 성공회 주교인 성직자였다. 버클리의 철학은 우리가 지각하는 것만이 실체이며 지각하지 못하는 것의 실체는 없다는, '존재하는 것은 지각되는 것이다'라는 말로 요약될 수 있을 정도의 극단적인 경험론이다.

말할 수 없다는 게 이 사람들의 주장이었지요. 영미철학의 전통 속에는 이런 개념이 있긴 있었어요. 그렇지만 거기에 대해서 지금 양자역학과 마찬가지로 엄청난 반론들이 있었고, 이것이 말이 되느냐 하는 의견이 많았죠. 그게 아인슈타인이 한 이야기랑 똑같은 거죠. 다만 차이라면 양자역학에서는 그런 식의 어떤 사고에서 이게 비롯된 게 아니고, 두 구멍을 통과하는 실험이라든가 이런 결과를 해석하려고 하다 보니 어쩔 수 없이 이런 결론으로 갈 수밖에 없다는 점에서 다른 겁니다. 여하튼 이런 질문들이 철학에서도 시작이 되었다는 것을 말하고 지나가자는 것이고, 계속 이야기를 이어나가죠.

욱 — 그러면 양자역학의 코펜하겐 해석 때문에 나오게 되는 여러 가지 모순과 문제점들에 대해서 계속 이야기를 이어갈 겁니다. 일단 현재 저희가 이런 모순들을 어떻게 이해하면 되는지에 대해서 몇 가지를 이야기하죠. 물론 이 모순들을 다 해결한 것은 아닙니다. 일단 확률과 결정론에 대한 문제부터 시작하죠. 양자역학에서는 왜 확률을 써야 할까요? 고전역학에서는 필요가 없었는데요. 전자가 구멍을 지날 때 어디를 지나는지를 왜 원리적으로 모르는지에 대한 이유가 있어야 합니다. 고전역학을 생각하면, 주어진 순간에 어떤 물체의 위치와 속도를 알면 그다음은 '$F=ma$'라는 공식으로 다 굴러간다고 이야기했죠. 이 법칙의 어딘가가 잘못된 겁니다. 양자역학이 옳다면 그런 뉴턴의 방법은 전자가 사는 세상까지 가져갈 수는 없다는 뜻입니다.

확률을 써야 하는 이유에 대한 양자역학의 설명은 이렇습니다. 우선 우리가 위치를 안다는 것이 무엇일까 다시 생각해봐야 합니다. 양자역학을 하면 당연한 걸 자꾸 다시 물어봐야 해요. 우리가 물체를 봐서 위치를 안다는 것은 너무 당연한 이야기잖아요. 그렇다면 이제 본다는 것이 무엇인지를 다시 생각해봐야 합니다. 본다는 것은 빛이 물체에 부딪쳐서 반사된 빛의 일부가 눈으로 들어오는 겁니다. 그때 물체를 봤다고 이야기하는 거죠. 이 과정에서 보통의 물체는 빛에 맞아도 별 영향을 받지 않습니다. 앞서 전자가 입자와 파동의 이중성을 갖는다고 이야기했는데, 사실 전자기파라는 파동으로 알고 있는 빛조차도 입자의 성질을 가지고 있습니다. 우리는 이 빛의 알갱이를 광자라고 불러요. 모든 건 다 이중성을 가지고 있거든요. 전자가 파동일 수 있는 것처럼 빛도 입자일 수 있습니다.

빛도 입자니까 빛에 맞으면 물체가 흔들릴 수 있다는 겁니다. 보통은 물체들이 워낙 크니까 빛의 입자인 광자에 얻어맞아도 별 영향을 받지 않아요. 하지만 전자같이 작은 녀석은 상황이 다르죠. 여러분이 전자의 위치를 알기 위해서 빛으로 전자를 때려서 맞고 튕겨 나온 빛을 보아야 하는데, 그 순간 전자가 움직인다는 거예요. 관측이 전자 위치에 영향을 주게 됩니다. 설명하지는 않았지만, 위치를 정확히 알려고 하면 할수록 더 높은 에너지를 지닌 광자를 사용해야 합니다. 분해능 이론에 따르면 짧은 파장의 빛을 사용해야만 더 자세하게 볼 수 있습니다. 그런데 플랑크의 이론에 따르면 파장이 짧아질수록 더 많은 에너지를 가지게 됩니다. 결국 여기서도 빛의 파동과 입자의 성질을 다 써서 설명합니다. 양자역학을 공부하다 보면 파동과 입자라는 것을 한꺼번에 쓰게 돼서 종종 혼란스러워져요. 저야 이제 하도 하다 보니 '입자의 파장'이니 '파동의 위치' 같은 표현들이 아무렇지도 않지만 말입니다.

어쨌든 이 때문에 전자의 위치를 정확히 알려고 하면 더욱 큰 에너지의, 즉 짧은 파장의 빛을 써야 하고, 그러면 전자가 더 많이 영향을 받게 되지요. 이 말은 전자의 속도가 불확실해진다는 겁니다. 하이젠베르크는 이것을 불확정성원리라고 불렀습니다. 여기서 하나 강조할 것이 있어요. 측정을 통해서 얻어낸 결과만이 우리가 알 수 있는 정보입니다. 양자역학에서는 측정을 하지 않으면 심지어 그 존재조차도 의문을 가져야 합니다. 즉, 여기서

베르너 하이젠베르크 베르너 하이젠베르크Werner Heisenberg(1901~1976)는 독일의 물리학자이다. 1925년 행렬역학을 발견하고, 막스 보른과 파스쿠알 요르단과 함께 양자역학의 수학적 구조를 완성시켰다. 특히 1927년에는 불확정성원리를 제안하여 코펜하겐 해석을 완성시킨다. 하이젠베르크는 이 공로로 1932년 노벨 물리학상을 수상했다. 또한 그는 난류의 유체역학, 원자핵, 강자성, 우주선 소립자의 연구에도 지대한 공헌을 했다.

말하는 불확실성은 측정이라는 과정에서 나오는 부수적인 결과가 아니라 본질적인 것이란 점이 중요합니다. 측정의 정밀도를 높이거나 해서 없앨 수 있는 종류의 것이 아니란 거죠.

아무튼 여러분이 위치와 속도 둘 중에 하나를 정확히 알려고 할 때는 그 과정에서 상대 물리량에 영향을 주게 된다는 겁니다. 위치와 속도, 사실 정확하게 말하자면 그냥 속도가 아닌 속도에 질량을 곱한 운동량이라는 물리량이지만, 우리의 논의에서 이 차이는 중요하지는 않으니 그냥 속도라고 하겠습니다. 즉, 뉴턴 역학에서 가장 중요하게 여기는 속도와 위치를 동시에 아는 것이 양자역학 세상에서 원리적으로 불가능하다는 말입니다.

하이젠베르크의 불확정성원리가 갖는 중요한 의미는 고전역학의 결정론이 양자역학에서는 왜 통하지 않느냐는 것을 설명한다는 겁니다. 고전역학에서 꼭 필요한 위치와 속도를 동시에 아는 것이 보장되지 않는 것이죠. 이 때문에 확률이 나오는 겁니다. 그래서 아인슈타인이 양자역학이 틀렸다, 불완전하다며 공격을 할 때 그 공격의 가장 중요한 타깃이 바로 불확정성원리였습니다. 아인슈타인의 공격 대부분이 '이렇게 하면 위치와 속도를 동시에 잴 수 있지 않느냐' 하는 식이었던 건 그런 이유죠. 아무튼 그 모든 공격을 닐스 보어가 막아냅니다. 그래서 결국 사람들은 양자역학의 불확정성원리를 받아들이고, 그것 때문에 확률이 나온다고 믿게 되죠. 이렇게 표준해석 첫 번째인 확률의 문제가 해결됩니다.

원 — 약간 덧붙여 설명을 하자면 본다는 행위가 구체적으로 무엇이냐 하는 거죠. 본다는 것은 여러분들한테서 반사된 빛을 눈에서 받아들여서 보는 겁니다. 여기는 방에 전등이라는 광원이 있으면, 그 조명이 물체에 부딪치고 반사가 돼서 일부가 눈에 들어와서 그걸 보게 되는 것이죠. 물체들은 우리가 그렇게 대충 봐도 다 보이죠. 좀 작은 물체도 현미경 밑에 거울이 있잖아요. 빛을 거울에 반사시켜 보는 것이죠. 그런데 이게 너무 작아져서 소립자 차원의 세계로 가면 빛이라는 입자도 그걸 보기에는 너무 큰 겁니다. 그래서 전자현미경을 사용합니다. 전자현미경은 보통의 빛을 쓰는 게 아니고 아주 작은 전자기파를 쏴서 이게 반사되

닐스 보어 닐스 보어Niels Bohr(1885~1962)는 원자 구조의 이해와 양자역학의 성립에 기여한 덴마크의 물리학자로, 1922년에 노벨 물리학상을 받았다. 보어는 코펜하겐의 그의 연구소에서 많은 물리학자들과 함께 공동으로 일했으며, 이 때문에 양자역학의 표준해석을 코펜하겐 해석이라 부른다.

보어-아인슈타인 논쟁 이 논쟁은 아인슈타인이 당시 점차 표준으로 받아들여지고 있던 양자역학의 코펜하겐 해석에 대해 여러 차례에 걸쳐 이의를 제기하고, 이에 대해 닐스 보어가 방어한 사건이다. 보어는 아인슈타인의 가까운 친구였으며, 실제 논쟁은 비교적 우호적이고 학술적인 분위기로 진행되었다. 아인슈타인의 양자역학에 대한 관점은 그렇게 단순하지 않았으며, 양자역학은 아인슈타인의 공격을 방어하는 과정에서 그 이해가 보다 깊어질 수 있었다.

는 것을 보는 겁니다.

　더 작은 것을 보려면 더 센 힘의 전자기파를 보내야 합니다. 작은 것을 보려고 발사한 이 전자기파가 힘이 세서 보려고 한 것을 때리니까, 보려고 한 것이 튕겨나가면서 엉뚱한 곳으로 움직이고, 그리고 위치를 정확하게 측정하려고 하면 할수록 강한 전자기파를 쏘다 보니까 튕겨나가는 힘이 점점 더 커지고, 그래서 위치와 속도를 잘 알 수가 없는 거죠. 뉴턴역학에서 '$F=ma$', 위치와 속도라는 두 개의 정보가 있어야 예측을 할 수 있는데, 이 세계에서는 예측이라는 문제가 이런 것들 때문에 원천적으로 할 수 없게 되고 하는, 이런 것이 바로 하이젠베르크의 불확정성원리라는 거죠.

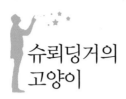

슈뢰딩거의
고양이

욱— 확률 문제는 그렇게 넘어가고요. 두 번째 문제는 측정입니다. 양자역학에서는 측정이 아주 중요하죠. 앞서 말한 것처럼 측정을 하는 주체가 무엇인지에 대한 대답을 해야 됩니다. 양자역학의 코펜하겐 해석은 우선 이 우주를 둘로 나눕니다. 양자의 세상, 곧 전자나 원자가 사는 세상에서는 우리가 사는 세상과는 완전히 다른 종류의 역학을 사용해야 돼요. 지금까지 내내 이야기한 것이 바로 이거죠.

반면 우리가 사는 세상은 뉴턴역학으로 설명됩니다. '$F=ma$'로 기술하는 것이죠. 물체의 위치나 속도는 한 순간에 하나의 값만 가집니다. 입자는 한 번에 하나의 구멍만 지나고요. 입자는 입자일 뿐이고, 파동은 파동일 뿐입니다. 이 둘 사이에는 넘을 수 없는 장벽이 있어요. 그렇다면 측정을 수행하는 측정 장비는 고전역학의 세계에 속해야 합니다. 그러니 일단 측정을 하면 고전역학적인 결과가 나오는 거죠. 그러니 우리가 결과를 이해할 수 있는 겁니다.

자, 그런데 여기에는 중요한 문제점이 하나가 있어요. 제가 앞서 이야기한 '자연을 이해하는 가장 중요한 사실'을 생각해보세요. 세상의 모든 것은 원자로 되어 있습니다. 뉴턴역학을 따라 움직이는 거대한 우리의 몸조차도 원자로 이루어져 있습니다. 고전역학의 지배를 받는다고 말한 측정 장비도 사실 원자로 되어 있죠. 그렇다면 원자가 많이 모여서 거대한 물체가 되면 고전역학을 따라 행동하고, 원자가 한두 개 있을 때는 양자역학같이 행동한다는 이야기일까요? 그렇다면 원자가 하나둘 모이다가 어느 이상이 되면 고전역학의 성질을 따르도록 변화한다는 이야기입니다. 일종의 양질 전환인가요?

그렇다면 고전역학과 양자역학의 경계는 과연 어디일까요? 만약 경계가 되는 원자의 수가 1,000개라고 합시다. 그렇다면 원자가 1,000개 모일 때까지는 양자역학처럼 동시에 두 개의 구멍을 지나다가, 1,001번째 원자가 붙는 순간부터는 한 구멍만 지날까요? 이건 말이 안 되잖아요? 뭔가 이상하다는 거예요. 사람들이 이런 의문들을 제기하면 듣게 되는 전형적인 대답이 있습니다. 코펜하겐 해석보다 더 무시무시한 해석인 "입 닥치고 계산해Shut up and calculate it" 하는 거예요. 코펜하겐 해석에 따라 계산하면 모든 실험이 잘 설명됩니다. 그러면 됐지 뭐가 더 문제냐는 거죠. 문제는 너한테 있으니 입 닥치고 계산이나 하라는 겁니다. 이상해도 이게 무슨 뜻이냐고 물으면 안 되는 거예요. 그건 위험한 것이고 위험한 사상은 갖지 말라고 하는 것이죠.

이렇게 입 닥치고 지나칠 수 있으면 참 좋겠다는 생각도 듭니다만, 불행히도 그냥 지나칠 수 없게 만드는 역설을 하나 만나게 됩니다. 그것이 바로 '슈뢰딩거의 고양이'입니다. 사실 물리학자를 붙들고 이 지긋지긋한 역설에 대해 물어봐도 대개 잘 모른다고 대답하거나, 아니면 몰라도 괜찮다고 할 겁니다. 이 역설에 답하려고 하면 괴롭기 때문에 <u>스티븐 호킹</u> 같은 물리학자도 이런 말을 했죠. "나는 슈뢰딩거의 고양이 이야기를 들을 때마다 말하는 사람을 총으로 쏴버리고 싶었다." 호킹 같은 사람이 이런 말을 할 정도로 지긋지긋한 문제입니다. 이제 슈뢰딩거의 고양이라는 역설이 무엇인지를 설명하겠습니다. 이 역설 자체를 제대로 이해하기도 쉽지 않은 것 같아요. 아주 미묘하기 때문에 그렇습니다.

스티븐 호킹　　스티븐 호킹Stephen Hawking(1942~)은 케임브리지대학교 루커스 수학 석좌교수를 지낸 영국의 이론물리학자로, 블랙홀이 있는 상황에서의 우주론과 양자중력의 연구에 크게 기여했다. 자신의 이론 및 일반적인 우주론을 바탕으로 『시간의 역사』와 『호두껍질 속의 우주』와 같은 과학책을 저술했다. 호킹은 21세 때부터 루게릭 병을 앓는 속에서도 많은 과학적 업적을 남겼다.

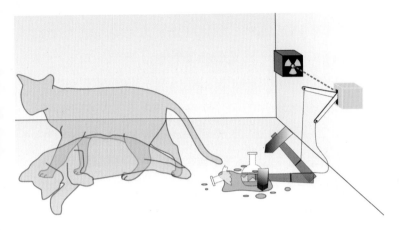

하지만 의외로 상황은 무척 간단합니다. 이 이야기를 그림으로 표시한 것을 보면 방사능 물질로 표시된 것은 양자역학적인 대상임을 나타내는 것이고, 거기에는 독극물이 담긴 유리병이 있습니다. 독극물 병에는 검출기와 망치가 달려 있습니다. 방사능 물질은 두 가지 상태 A나 B를 가질 수 있다고 합시다. 이해하기 어려우면 두 개의 구멍으로 생각해도 됩니다. 이것이 A 상태에 있을 때는 괜찮은데, B 상태에 있게 되면 빛이 밖으로 나옵니다. B 상태에 있을 때 나온 빛이 검출기에 도달하면 망치가 독극물 병을 깨뜨리게 되죠. 즉, A 상태에 있을 때는 독극물 병이 안 깨지고, B 상태에 있으면 독극물 병이 깨지는 거죠. 고전역학의 세계에서 물체는 A 상태에 있거나 B 상태에 있는 둘 중의 하나만

가능하므로 독극물 병은 깨졌거나 안 깨졌거나 둘 중의 하나의 상태에 있게 됩니다. 여기까지는 당연하죠.

하지만 양자역학에서는 A와 B 두 상태를 동시에 가질 수 있다는 것이 중요합니다. 바로 중첩 상태입니다. 양자역학에서는 독극물 병이 깨져 있으면서 동시에 깨져 있지 않은 두 개의 상태에 있을 수 있는 거죠. 자, 이제 상황을 보다 드라마틱하게 만들기 위해서 슈뢰딩거는 여기다가 고양이를 한 마리 넣습니다. 상태가 B이면 병이 깨졌고 독이 밖으로 나왔을 테니까 고양이는 죽어야 하고, 상태가 A이면 독극물 병이 무사하고 고양이도 살아 있습니다. 양자역학에서 A와 B 상태가 동시에 존재한다고 했을 때, 코펜하겐 해석이니까 '찍' 소리도 못하고 그러려니 했을 겁니다. 전자가 동시에 두 개의 구멍을 지난다고 했을 때도 정말 이상했지만, 노벨상 수상자가 그렇게 이야기했다니 체념하고 받아들였을 겁니다. 원자의 부속품인 전자니까 그런가 보다 했을 수도 있고요. 하지만 고양이가 살았으면서 동시에 죽었다고 하면 이건 아니죠.

에르빈 슈뢰딩거 에르빈 슈뢰딩거Erwin Schrödinger(1887~1961)는 슈뢰딩거 방정식을 비롯한 양자역학에 대한 공헌으로 유명한 오스트리아의 물리학자이다. 1933년 노벨 물리학상을 수상했으며 '슈뢰딩거의 고양이'라는 유명한 사고 실험을 제안했다. 바람둥이로도 유명하다.

양자역학은 이 우주를 둘로 나눴습니다. 미시세계와 거시세계죠. 각각의 세계에는 완전히 다른 법칙이 적용됩니다. 관측은 양자세계를 고전세계로 변화시키는 겁니다. 이렇게 보면 코펜하겐 해석은 고전과 양자의 분리에 기반을 두고 있다고 볼 수 있어요. 슈뢰딩거의 고양이는 이 두 분리된 세계를 연결한 겁니다. 이렇게 연결을 하면 바로 모순이 생긴다는 거죠. 코펜하겐 해석 지지자들도 전자는 몰라도 고양이가 중첩 상태에 있는 것은 안 된다고 이야기할 겁니다. 고양이는 거시세계에 사니까요. 그러면 말리기 시작하는 거죠. 고양이가 중첩 상태에 있지 못하면 독극물병도 중첩 상태에 있지 못하고, 결국 양자계도 중첩 상태에 있지 못합니다. 따라서 양자역학에 모순이 생긴다는 겁니다. 누가 이런 질문을 계속하면 총으로 쏴버리고 싶죠.

원— 여기서 고양이는 죽었거나 살아 있는 게 아니고 죽은 것과 동시에 살아 있는 것이어야 되는 거죠?

욱— 그렇습니다.

원— 그런데 사실 논리적으로 연결이 되는 그림이니까, 이게 가능해야 될 것 같은 생각이 들기도 하고, 또 안 될 것 같다는 생각이 들기도 하네요.

욱— 양자역학이 맞는다면 고양이도 죽어 있으면서 동시에 살아 있을 수 있어야 한다는 건데, 우리는 한 번도 이런 것을 본 적이 없다는 게 문제죠. 그래서 이건 안 된다고 하면 양자역학도 동시에 두 상태에 있을 수 없으므로 양자역학도 틀린 것이 돼요. 양자역학에 모순이 생기는 겁니다. 섣불리 '고양이는 살았으면서 동시에 죽었을 수 없다'라고 하면 큰일 나는 거예요. 조심해서 답해야죠. 이 역설은 어떻게 해결해야 할까요? 이 문제가 이미 해결되었다고 믿는 사람도 있고, 아니라는 사람도 있어요. 저는 해결되었다는 쪽입니다. 그런데 이게 맞는다고 하면 이제 고양이가 두 개의 구멍을 동시에 지날 수 있다는 것이 됩니다. 물론 실제 고양이를 두 개의 구멍이 있는 벽에 던지면 동물 애호가들로부터 비난이 쏟아질 테니 함부로 하면 안 됩니다.

원 ─ 고양이를 두 구멍으로 한 마리씩 던져서 하나를 통과를 시켜서 아까와 똑같은 상황을 연출하는 거죠. 그러면 벽에는 고양이의 파동 문양이 나타나겠죠.

욱 ─ 슈뢰딩거 역설에 대한 물리학자들의 답은 단순합니다. 좋아. 고양이를 던져보지, 뭐. 물론 실제 고양이를 던질 수는 없지만 그 비슷한 실험은 할 수 있습니다. 1999년 오스트리아 빈대학에서 안톤 차일링거라는 지금은 은퇴한 물리학자가 한 실험입니다. 실험은 C_{60}라는 탄소 원자가 60개 모여 있는 거대한 분자를 두 개의 구멍으로 보내는 것입니다. 거대한 분자라 했지만 그래도 아주 작은 것이라서 그 크기가 1나노미터밖에 안 되기 때문에 사람 눈에는 보이지 않습니다. 그렇지만 물리학자 눈에 이건 거의 고양이만 한 겁니다. 맨날 원자 하나, 전자 하나만 가지고 실

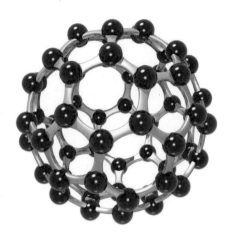

• 축구공 모양의 '거대한' 분자 C_{60} •

험을 했으니 이렇게 원자가 60개나 모인 분자라면 굉장히 큰 겁니다. 언뜻 보기에는 이런 걸 구멍에 통과시키면 간섭무늬가 나오지 않을 것 같아 보이거든요. 그런데 이렇게 실험을 해도 여러 줄로 된 간섭무늬가 나온 겁니다.

안톤 차일링거 안톤 차일링거Anton Zeilinger(1945~)는 오스트리아의 양자물리학자로, 2008년에 아이작 뉴턴 메달을 수상했다. 빈대학에서 양자정보와 양자전송에 관한 실험연구를 했다. 휠러의 정보우주 해석을 지지하며, 『아인슈타인의 베일』이라는 대중서적을 쓰기도 했다.

C_{60} 탄소 원자 60개가 오각형과 육각형으로 이루어진, 축구공 모양으로 연결된 분자를 가리킨다. 풀러렌fullerene이라고도 한다. 흑연 조각에 레이저를 쏘았을 때 남아 있는 그을음에서 발견한 완전히 새로운 물질이다. 지름이 약 1나노미터 정도이다.

그렇다면 크기가 더 커져도 되나 하는 호기심이 들지요. 그래서 크기를 점점 더 크게 합니다. C_{60}보다 2배 가까이 많은 원자가 있는 분자로도 여러 개의 줄무늬가 나옵니다. 이게 무슨 뜻일까요? 사실 이 실험에서 간섭무늬가 나왔다는 사실 자체가 중요한 게 아니라, 간섭무늬가 나오기 위한 조건을 찾은 게 중요한 겁니다. C_{60}라는 것은 축구공 모양의 분자입니다. 그 모양이 너무 재밌어서 이 분자를 만들어낸 사람들은 분자를 만든 것만으로 노벨 화학상을 받았습니다.

아무튼 이 실험을 할 때 중요한 것은 공기 중에서 하면 안 되고 꼭 진공에서 해야 한다는 사실입니다. 많은 분들이 진공을 얻는 것이 쉽다고 생각하실 겁니다. 하지만 실제 실험에서 곧바로 아무것도 없는 진공을 만들 수는 없어요. 펌프로 공기를 뽑아내면 공간의 공기 분자는 점점 없어지는데, 단위 부피당 몇 개의 공기 분자가 들었는지를 가지고 진공의 정도를 나타냅니다. 진공도가 아주 좋아져서 C_{60}가 두 개의 구멍을 지나서 스크린까지 날아가는 동안 공기 분자와 한 번도 충돌이 일어나지 않는 정도까지 진공 만들어야만 비로소 이런 무늬가 나옵니다.

원 ― 공기 분자하고 충돌이 일어나지 않았다는 뜻인가요?

욱 ― 그렇죠. 공기 분자와 한 번이라도 충돌이 일어나면 스크린의 무늬는 다시 두 개의 줄로 환원됩니다. 그래서 진공도에 따라서 이 실험을 진행할 수 있어요. 이게 무슨 뜻일까요? 여기 중요한 메시지가 들어 있습니다. 공기 분자가 부딪혔을 때 적어도 부딪힌 공기 분자는 C_{60}가 어느 구멍을 지나갔는지를 알 수 있습니다. C_{60}가 어느 구멍을 지나는지 관측되었다는 말이죠. 그래서 간섭무늬가 사라지고 두 줄이 생긴 겁니다.

물론 실험을 하는 '사람'은 어디를 지났는지 모릅니다. 그걸 알려면 부딪힌 공기 분자를 찾아서 어디로 갔는지를 물어봐야 하는데, 그건 불가능하겠죠. 사실 이 실험을 할 때는 그렇게 할 필요가 없어요. 단지 진공도만 바꿔주면 됩니다. 무슨 뜻이냐 하면 측정의 주체가 나왔다는 뜻입니다. 이 실험에서 측정의 주체는 공기 분자입니다. 그렇다면 공기 분자에 의식이 있는 걸까요?

일일이 이야기는 하지 않겠지만 더 많은 실험들이 이루어집니다. 예를 들어서, C_{60}가 빛을 방출하도록 할 수 있습니다. 실험에 따르면 분자가 내는 빛을 우리가 검출하지 않더라도 여러 줄무늬가 사라집니다. 빛을 내기만 하면 사라진다는 사실이 중요하죠. 그렇다면 여기서 관측의 주체는 누구일까요? 빛일까요? 아까는 공기 분자라고 했는데요. 즉, 이런 모든 것들이 이야기해주는 것은 관측의 주체가 우주라는 겁니다. 자세히 말해서 관측 대상을 제외한 우주의 모든 부분이 관측의 주체가 됩니다. 결국 입자가 어느 구멍을 지났는지를 우주가 알면, 보다 엄밀히 말해서 입자가 어느 구멍을 지났는지를 원리적으로 알 수 있는 상황이 되면, 우주는 측정이 일어난 것으로 간주한다는 겁니다. 그러면 간섭무늬를 없애버리죠. 지금 측정에 대한 많은 문제가 한꺼번에 해결된 거예요.

이 상황을 기술하는 새로운 용어가 필요하다는 생각이 드시죠? 이런 식으로 작동하는 양자 측정을 영어로는 '디코히어런스 decoherence'라고 부릅니다. 우리말로는 '결 어긋남' 또는 '결 잃음'이라고 불러요. 결이라는 표현은 파동에서 나오는 용어입니다. 파동이 깨끗한 사인파 모양으로 고르게 진동하는 것을 결이 맞았다 그럽니다. '결 잃음'은 파동의 결이 맞지 않은 상태를 말하는 겁니다.

결국 이런 설명에 따르면 고양이로 실험을 했을 때도 간섭무늬를 볼 수 있다는 거죠. 물론 그러기 위해서는 결 잃음이 일어나지 않도록, 즉 우주가 원리적으로 측정을 전혀 하지 않을 수 있는 조건이 마련되어야 합니다. 그렇게만 된다면 고양이조차도 간섭무늬를 보이고, 또 파동처럼 행동할 수 있으며, 동시에 두 개의 구멍도 지날 수 있다는 결론에 이르게 됩니다.

따라서 여러분이 두 개의 문을 동시에 지날 수 없는 이유도 설명됩니다. 매 순간 끊임없이 자신의 정보를 외부에 주고 있기 때문이죠. 일단 사람을 가지고 이런 실험을 하려 한다면 숨도 쉬면 안 되고, 주변에 공기 분자가 단 하나라도 몸에 부딪히면 안 되는 겁니다. 그러니 진공 중에 있어야 하는 것은 기본이죠. 머리카락 하나도 떨어지면 안 되고, 심지어는 눈에는 보이지 않지만 몸에서 원자 하나라도 떨어지면 안 됩니다. 보통 때에도 사람 몸에서는 눈에는 보이지 않지만 원자들이 우수수 떨어지고 있거든요. 몸을 만지면 어마어마하게 많은 원자가 떨어지고 있습니다. 우리 몸은 1년 지나면 90퍼센트가 다른 원자로 바뀐다고 합니다. 사람 세포 안의 DNA를 바탕으로 새로운 세포를 계속 복제해내기 때문에 몸의 모양이 유지되는 것이지, 실제의 원자들은 다 바뀝니다.

이렇게 외부와 격리되는 것이 전자와 원자같이 아주 작은 것일 때는 그렇게 어렵지 않습니다. 인간이나 고양이같이 물체가 커지면 외부에 정보를 주는 것을 막기가 어려워지기 때문에 양자역학의 중첩 효과를 보기 어려워진다는 겁니다. 이것이 1990년대 경에 확립된 '결 잃음' 이론입니다. 차일링거는 슈뢰딩거의 고양이를 만들 수 있다고 주장합니다. '결 잃음'만 막을 수 있다면 말이죠. 큰 지렛대와 받침대만 있다면 지구를 들어 보이겠다고 주장했던 아르키메데스와 비슷한 이야기죠. 아무튼 저는 이걸로 측정 문제는 대충 해결됐다고 생각하는데, 그렇지 않은 사람들도 있어요.

우주가
여러 개라고?

원 — 아닌 사람들은 또 무슨 이야기를 하나요?

욱 — 하나의 예로 '다세계多世界 해석'이 있습니다. '멀티 유니버스
Muti Universe, 다중 우주' 같은 이야기와 관련되죠.

원 — 재밌죠? 네. 지금 이야기하고 있는 내용들이 우리가 살면
서 매일 느끼는, 그래서 알고 있다고 생각하는 우주와 이 양자역
학에서 말하는 우주가 얼마나 달라 보이느냐 하는 거잖아요? 그
런데 우리는 우리 주변이 현실이라고 생각하고, 실제 또는 실체

다중 우주   다중우주多重宇宙(평행 우주)는 우리가 사는 우주가 유일한 우주가
아니며, 실제 우주는 수많은 우주들의 집합체로 되어 있다는 물리이론이
다. 인플레이션 이론, 양자역학, M이론 등 첨단 물리학의 여러 분야에서 그
존재가 예측되고 있다. 아직은 SF에 가깝다고 보아도 무방하다.

라는 그런 말을 쓰잖아요. 현실이라든가 비슷한 용어로 일반 사람들이 이런 말을 사용하는데, 사실 우리 주변에 있는 것들이 다 근사치일지도 모르고, 깊이 들어가면 이런 것들이 우주의 본질일 수도 있다는 생각을 하다 보면, 무언가 뒤바뀐 것 같은 느낌이 들기도 합니다. 환상과 현실이 뒤바뀐 것 같은 느낌이 든다는 거죠. 엄밀한 과학에서 하는 이야기는 아니지만, 이런 해석들은 우리에게 충격을 주는 그런 면이 있다는 생각이 들어요.

아무튼 대단합니다. 사람도 아니고 우주 전체가 원리적으로 변화를 감지할 수 있으면 그런 현상은 일어나지 않지만, 그렇게 할 수만 있다면 고양이로도 간섭무늬를 만들 수 있다는 거죠. 너무 어려운 일이기 때문에 어느 우주 구석의 진공 상태에 가서 실험을 한다 해도, 그런 일은 거의 불가능할 거라고 생각되네요. 그렇겠죠?

욱― 그렇죠. 어려운 문제가 더 있지만 이 정도만 이야기를 할게요. 본인이 자기 지신을 측정하게 되면 어려운 문제가 생겨서 안 돼요. 자기 자신이 하면 안 되고, 밖에서 해야 되는데 그것이 어렵습니다.

원― 계속 이야기해보죠.

욱― 이렇게 해서 양자역학의 몇 가지 중요한 패러독스들에 대해서는 대충 답을 한 것 같습니다. 즉, 이론적으로는 사람처럼 큰 물체도 파동처럼 간섭무늬가 나올 수 있다, 고양이도 동시에 두 개의 구멍을 지날 수 있다, 물론 막상 이렇게 하려면 굉장히 어렵지만 불가능한 것은 아니다. 실제로는 되기 힘든 거지만 원리적으로는 가능한 것이니, 그 사이에는 중요한 차이가 있습니다.

원— 원리적인 한계와 기술적인 한계의 차이죠.

욱— 그렇습니다. 지금까지는 과학적으로 증명되고 입증할 데이터도 있는 것을 주로 말했습니다만 지금부터는 약간 과학적인 상상력이 들어간 이야기를 해보죠. 이와 관련해서는 아직 실험적 증거가 없기 때문에 '사이언스 픽션SF'이라고 부르겠습니다. 그런데 픽션이라도 여전히 가능한 물리 이론이기 때문에 소개하는 겁니다. 상상력도 많이 자극이 될 것이니, 지금부터 하는 이야기는 편안하게 들으시면 좋겠어요. 저도 과학자이지만 이론에 대해 과학적 권위를 가지고 하는 이야기는 아닙니다. 그럴 수도 있고, 안 그럴 수도 있고, 아직 충분한 실험적 근거는 없는 그런 이야기입니다.

과학자들은 계속해서 고전세계와 양자세계의 경계를 찾고 있었잖아요. 그래서 측정이 일어나면 양자의 세계가 고전의 세계로 환원된다는 겁니다. 그리고 측정의 주체가 누군지를 이야기했습니다. 어쨌든 경계를 전제로 한 겁니다. 경계는 원자의 개수로 판단하는 게 아니라, 측정을 했느냐 안 했느냐로 판단하는 거죠. 여전히 세계를 둘로 나누는 겁니다. 그런데 그것이 싫다는 사람들이 있어요. 여기서 중요한 질문이 나옵니다. 실체가 뭐냐는 건데, 이런 이야기를 할 때 자꾸 어려움을 겪는 것은 고양이가 살아 있으면서 죽어 있는 상태가 실제로는 가능하지 않다고 생각하기 때문이라는 겁니다. 고양이가 동시에 그런 상태에 있는 것은 실체가 아니라고 생각한다는 거죠.

근데 그렇게 생각하는 근거가 무얼까요? 왜 고양이는 살아 있으면서 동시에 죽어 있으면 안 되는 걸까요? 이에 대한 근거는 오직 우리 경험밖에 없습니다. 단지 그런 걸 본 적이 없다는 거죠. 하지만 과학의 역사에서 경험이 옳은 적이 별로 없었다는 사실을 생각하면, 그게 옳다고 믿는 게 오히려 이상하다는 겁니다.

그래서 어떤 사람들은 그렇게 우주를 둘로 나누고서 어떻게 되는지를 이야기하는 것이 아니라 애초에 둘로 나누지 말자는 겁니다. 우주 전체는 그냥 양자역학적으로 진행하고 있는 것이고, 거시세계나 미시세계의 구분 따위는 없다는 겁니다. 그렇다면 고양이가 죽어 있고 살아 있는 상태가 동시에 나타나지 못하는 이유는 뭘까요? 고양이가 중첩 상태를 이룰 때, 우주가 두 가시 사건들로 분할되고 우리는 그 가운데 하나의 우주에만 살고 있기 때문이라는 거죠. 하나의 우주 안에서는 하나의 사건만이 실체로 보일뿐이지, 우주 전체의 입장에서는 그냥 모든 가능성이 언제나 공존하는 상태로 진행되고 있다는 겁니다. 그러면 모든 철학적 문제에서 벗어날 수 있다는 거죠.

이런 의견에 동의하십니까? 저는 모르겠습니다. 이렇게 설명하면 마음은 편안해지고, 많은 것이 한꺼번에 해결되잖아요. 이것을 '다세계' 해석이라고 이야기하기도 하고, '매니 월드Many World' 이론이라고 부르지만 이에 대한 어떤 실험적 근거도 없습니다. 그런데도 이렇게 설명하면 마음이 편안해지는 거죠. 여기서 나오는 여러 가지 귀결들이 있습니다. 우리가 지금 여기 이 우주에 있는 것은 수많은 선택을 통해서 온 것인데, 물론 그 선택을 우리 스스로 한 것은 아닙니다. 즉, 우주는 그냥 모든 가능성을 다 보여줄 뿐이에요. 사람들이 잘나서 여기 있는 것이 아니고, 못난 행동을 하는 사람들의 우주도 있습니다.

원─ 그게 바로 여기일 것 같아요.

욱─ 모든 가능성이 다 공존하고 있는데, 단지 나는 여기 살고 있을 뿐이죠. 이게 사실 결정론보다 더 무서울 수 있어요. 결정론이 우리가 열심히 살아야 할 필요가 없는 그런 이유가 될 수 있지만, 이 이론에서도 마찬가지죠. 지금도 끊임없이 우주가 갈라지고 있는데, 사실 우스운 게 우리가 결정할 때마다 갈라지는 게 아니라, 사실은 관측을 당할 때마다 갈라지는 것이거든요. 그러니까 지금 이 순간에도 우리 주위에 있는 어마하게 많은 원자들에서도 계속 분기가 일어나고 있는 거예요.

원─ 아까 쉽게 대답을 한 것이 상상하기가 쉬운 것 같잖아요. 옛날에는 이것을 '평행 이론'이라고 이야기하다가 요즘은 '다세계' 이론이라고 이야기하는데, 평행 이론이라고 하면 언뜻 떠오르는 게 '물을 마시는 것과 안 마시는 것에 의해서 두 개로 나눠지는 것'과 같은 걸 생각하게 되죠. 옛날에 텔레비전 프로그램에도 이런 게 있었죠. '내가 저 여자한테 말을 거느냐 안 거느냐'에 따라 두 개로 나눠지고, 그래서 '독신이냐 부모가 되냐'로 나눠진다고 소박하게 생각을 하는데, 실제는 그런 게 아니라 관측될 때마다 쪼개지는데, 그 관측이란 것이 누가 나를 보고 이런 문제가 아닌 원자 하나가 떨어지는 것을 관측이라고 하니까, 제가 말을 하는 이 순간에도 수없이 많은 것으로 나눠졌을 거예요. 그러면 이제 이건 쉽게 생각할 수가 없는 거죠.

그 수많은 우주들은 어디에 있으며, 그 우주들이 지금 우리의 우주와 소통을 할 수 있는 것인지 없는 것인지 하는 것들, 또한 공간적으로는 어디에 있는 것인가 하는 문제를 생각해보면 나름대로 답을 추론할 수는 있겠지만, 이게 그렇게 만만하게 따라갈 수 있는 그런 문제는 아닌 거죠.

욱— 다세계 이론까지 소개하고 나면 이게 정말 물리학인가 하는 느낌을 받을 것 같아요. 그래서 제가 양자역학의 실용적인 부분 한 가지만 이야기할게요. 양자역학에서는 전자가 두 개의 구멍을 동시에 지날 수 있다고 했습니다. 그런데 이런 원리를 도대체 어디다 써먹을 수 있을까 의문이 들 수 있습니다. 학교 화학 시간에 배운 것처럼 수소 원자 하나는 혼자서 분자가 되지 못합니다. 둘이 모여야 하죠. 우리 주변에 있는 산소나 질소도 두 개의 원자가 결합된 상태의 분자로 존재합니다. 그래서 'O_2', 'H_2', 'N_2'라는 화학식으로 표시됩니다. 어떻게 두 원자가 결합할 수 있을까요? 답은 전자를 공유하는 것이에요. 화학에서는 이것을 공유결합이라고 부릅니다. 이때 전자는 왼쪽 수소 원자와 오른쪽 수소 원자 두 개에 동시에 있게 됩니다. 동시에 있다는 말은 하나가 되었다는 뜻이죠. 그렇기 때문에 결합이 되는 거예요.

사실 전자가 두 개의 구멍을 동시에 지난다고 할 때는 너무 사변적인 이야기를 하는 걸로 보였을 겁니다. 하지만 실제 우리 몸을 이루고 있는 원자들은 주로 탄소들의 결합인데, 이것들을 이루고 있는 결합의 본질이 전자가 여러 원자에 동시에 있을 수 있는 능력입니다. 이게 없어지면 우리 몸은 곧장 개별 원자들로 전부 분리됩니다. 이 결합을 화학에서 '하이브리드 오비탈', 우리말로 '혼성궤도함수混性軌道函數'라고 부릅니다. 설명이 좀 어렵기 때문에 간략하게 이야기할게요.

전자들이 존재할 수 있는 상태들이 있었는데, 예를 들어 A, B, C, D라고 하죠. 이것들이 중첩되어 한꺼번에 있을 수 있는 하나의 새로운 상태가 만들어집니다. 즉, A이면서 동시에 B이면서 동시에 C이면서 동시에 D인 상태가 만들어졌다는 겁니다. 이런 상태가 존재하기 때문에 우리 몸도 있는 겁니다. 이 세상의 많은 물질이 이런 식으로 형성되기 때문에, 전자가 동시에 여기저기 있다는 이야기는 전혀 괴상한 것이 아닙니다. 그게 없으면

• 다중 우주에서는 우주가 한곳에 한꺼번에 있어도 상관없다 •

화학이 다 무너집니다. 양자역학이 사변적인 것이 아니라는 사실은 아셨죠?

다시 다세계 해석으로 돌아가겠습니다. 만약 다세계 해석이 맞는다고 하면, 그래서 우주가 계속 분리되고 있다면, 그 분리된 다른 우주들이 모두 어디에 있냐고 물어볼 수 있죠. 그 많은 우주는 다 어디 있냐고요. 양자역학에 따르면 그건 한 장소에 한꺼번에 다 있어도 괜찮아요. 서로 소통이 안 되기 때문에 딴 곳에 있을 필요가 없다는 것이니 참 괴상하죠. 한편으로 이렇게 많은 우주가 있어야 한다는 것이 낭비처럼 생각되기도 하죠. 이게 말이 되는 건지 잘 모르겠어요. 저는 한 번도 다른 우주에 사는 저를 본 적이 없거든요. 그래서 이런 생각을 받아들이기가 참 힘듭니다.

'다중 우주'까지 생각하게 되면 정말 '실체'라는 것이 무엇일까 하는 의문이 생깁니다. 이런 식이라면 우리 우주에 존재하지 않으나 다른 '다중 우주'에 있는 상태들조차 실체일 수 있다는 말이거든요. 이런 관점으로 과연 실체가 무엇인가 생각하다 보면, 양자역학의 세상에서는 위치나 물체, 에너지 같은 것보다 '상태'라는 개념이 더 중요하다는 사실을 깨닫게 됩니다.

그런데 '상태'는 컴퓨터 프로그램에서 오히려 중요한 개념입니다. 컴퓨터가 만든 가상의 세상은 매 순간 어떤 상태에 있는 것뿐이니까요. 게임 〈스타크래프트〉에서 유닛들의 실체가 뭡니까? 그것들은 실제로 존재하나요? 아무튼 매 순간 그들의 상태를 기술할 수는 있습니다. 유닛들의 실체라, 이건 참 어려운 질문이에요. 만일 게임을 하는 사람이 테란이 되어서 그 게임 안에 들어가면 자신이 실재한다고 주장하겠지만, 밖에서 봤을 때는 실재하는 것이 아니라 그저 프로그램이라고 말할 겁니다. 테란이 동시에 두 군데 있는 것도 아주 이상한 일은 아니겠죠. 어차피 프로그램에 불과하니까요.

양자역학을 공부하다 보면 실체라는 것이 우리의 발목을 잡는다는 것을 알게 됩니다. 실체라는 개념을 버리는 순간, 아주 편

테란 〈스타크래프트〉 게임에 나오는 종족의 하나이며 인간 종족이다. 바이오닉과 메카닉, 비행 유닛의 병력으로 구성되어 있다.

해집니다. 즉, '우주가 정말 어떤 물질들의 조합으로 되어 있는 가?', '에너지나 질량 같은 것이 진짜 있어야만 하는 것인가'와 같은 질문을 할 수 있다는 거죠.

비트겐슈타인은 그의 책 『논리 철학 논고』에서 "세계는 사물의 총체가 아니라, 사실들의 총체다"라고 말했습니다. 여기서 저는 세계를 우주로 대체할 수 있을 것 같아요. 사물과 사실이라는 두 가지를 구분하기 쉽지 않을 수 있습니다. 여기에 물병이라는 실체가 존재하지만, 또 한편 물병이 있다는 사실이 존재할 뿐이라고 할 수도 있죠. 그렇게 생각을 바꾸면 우주가 '$F=ma$'를 통해 물병이라는 실체의 위치를 바꾸고 있는 것이 아니라, '물병이 x=1에 있다'라는 문장을 '물병이 x=2에 있다'라는 문장으로 바꾸는 일이 일어나고 있는지도 몰라요. 즉, 우주가 일종의 컴퓨터라는 겁니다. 이렇게 보면 실체가 가져야 한다고 믿었던 것들이 무너져도 별로 문제가 되지 않는다는 겁니다.

이와 관련해서 존 휠러라는 물리학자는 "it from bit(비트에서 존재로)"라는 말을 남겼습니다. 여기서 'it'은 존재, 즉 물질을 표현

존 휠러 존 휠러John A. Wheeler(1911~2008)는 미국의 이론물리학자로, 아인슈타인 말년의 공동연구자이기도 했다. 그는 아인슈타인의 통일장 이론의 이상을 실현하기 위해 노력했다. 또한 블랙홀과 웜홀이라는 용어도 만들어냈지만, 1989년에 그가 했다는 "it from bit(비트에서 존재로)"라는 말이 가장 유명하다. 다세계 해석을 만든 휴 에버렛의 스승이기도 하다.

하는 단어고, 'bit'는 정보를 뜻하는 겁니다. 컴퓨터에서 정보는 '0'과 '1'로 표시된다고 하잖아요. 이것을 비트라고 부릅니다. 즉, '물질은 정보로부터 왔다'라는 의미죠. 이 새로운 우주관을 '정보 우주'라고 부릅니다. 우주에서 가장 근본적인 것은 질량이나 에너지가 아닌 정보, 곧 비트라는 거죠. 여기서 강조하겠습니다만, 이것은 아직은 SF에 가까운 이야기입니다. 이에 대해서는 아직 어떤 실험적인 증거도 없습니다. 실험해볼 이론적 아이디어조차 없죠. 그런데도 이런 생각을 하는 이유는, 이렇게 하면 양자역학에서 나오는 여러 가지 복잡한 문제들이 일거에 해결된다는 장점이 있기 때문이죠. 그래서 사람들이 이런 생각에 관심을 갖는 겁니다.

존 휠러가 이런 생각을 한 이유는 물리학에서 궁극의 법칙이 과연 무엇인가 하는 질문을 했기 때문입니다. 물리학이라는 것은 결국 운동에 관한 것이고, 운동을 기술하는 법칙의 개수는 작을수록 좋으니 가능하면 하나의 문장, 하나의 수식으로 귀결될 수 있기를 바랍니다. 힘도 하나뿐이길 바랍니다. 그래서 수학적 방법을 사용해서 네 개의 힘을 두 개로 줄였고, 이제 두 개를 하나로 줄이려고 합니다.

하지만 이런 방식은 언젠가 한계에 부딪힌다고 휠러가 지적합니다. 단 하나의 법칙이 있다면, 그 법칙은 다시 어디서 나왔는지를 물어봐야 하는 거 아닙니까? 궁극의 법칙이라는 것이 존재하고 그게 진정한 궁극이라면, 그것이 무엇으로부터 나오지 않아야 하기 때문에 절대로 단 하나로 귀결될 수가 없다는 거예요. 즉, 그 자신으로부터 스스로 나오는, 즉 법칙이 없는 법칙이 존재하지 않는 한 궁극의 법칙은 없다는 겁니다. 신이 있다고 해서 문제가 해결되는 게 아니잖아요. 신은 누가 만들었냐는 질문이 있기 때문이죠. 이 고리를 끊으려면 스스로 존재하는 무언가가 있다는 것을 과학적으로 보여줄 수 있어야 합니다. 그런 것이 가능할까요? 무에서 유를 만들어야만 저 고리를 끊을 수 있다는 겁니다. 그것이 근데 '정보 우주'에서는 가능할 수 있다고 천재 물리학자이자 수학자인 <u>폰 노이만</u>이 이야기한 적이 있죠.

폰 노이만은 여러 가지 업적으로 유명합니다. 양자역학의 수학적 기반을 만들었고, 오늘날 사용되는 컴퓨터의 기본 구조를

존 폰 노이만 존 폰 노이만John von Neumann(1903~1957)은 헝가리 출신의 미국인 수학자이자 물리학자이다. 양자역학, 함수해석학, 집합론, 위상수학, 컴퓨터 과학, 수치해석, 경제학, 통계학 등 여러 학문 분야에 걸쳐 다양한 업적을 남겼으며, 특히 연산자 이론을 양자역학에 접목시켰으며, 게임 이론과 세포 자동자cellular automaton의 개념을 공동 개발한 것으로 잘 알려져 있다.

게임 이론 게임 이론game theory은 사회과학, 특히 경제학에서 활용되는 응용 수학의 한 분야이며, 생물학, 정치학, 컴퓨터 공학, 철학에서도 많이 연관된다. 또한 게임 이론은 참가자들이 상호작용하면서 변화해가는 상황을 이해하는 데 도움을 주고 그 상호작용이 어떻게 전개될 것인지, 매 순간 어떻게 행동하는 것이 더 이득이 되는지를 객관적으로 분석해주는 이론이다.

고안했습니다. 아마도 일반인에게 가장 유명한 것은 '게임 이론' 일 겁니다. 폰 노이만은 수학자니까 숫자만 만들 수 있으면 된다고 생각합니다. 정보 우주에서도 필요한 것은 숫자뿐이죠. 모든 정보는 다 숫자로 나타낼 수 있으니까요. 컴퓨터가 하는 일은 숫자를 계산하는 것뿐입니다. 그렇다면 '0'하고 '1'만 있으면 됩니다. 모든 정수는 '0'과 '1'을 사용한 이진법으로 나타낼 수 있습니다. 두 정수의 비가 유리수이고, 유리수의 제곱근이 무리수입니다. 결국 무로부터, 즉 공집합으로부터 '0'하고 '1'을 만들어낼 수 있으면 우주를 창조할 수 있다는 겁니다.

자, 여기 공집합이 있습니다. 공집합이니 아무것도 없죠. '0'입니다. 그런데 여기 이성을 가진 지능이 아무것도 없는 상태를 바라봅니다. 그러고는 공집합이 공집합을 포함한다는 사실을 깨닫습니다. '1'의 탄생입니다. 이제 모든 것이 끝난 거죠. 영화 〈매트릭스〉에 보면 디지털 정보가 비처럼 쏟아져 내리는 장면이 나옵니다. 세상이 이렇다는 겁니다. SF 같은 이야기죠. 만약 우주가 정보라면 '0'하고 '1'이 필요한 것의 모두입니다. '정보 우주'는 여러 가지 문제를 해결해줍니다. 무에서 유를 만들 수 있고, 실체에 대해서 설명할 필요도 없어요. 하지만 다시 강조하죠. 이것은 아직 과학이론이 아닙니다. 양자역학이 오죽 이상하면 이런 결론까지 가야 했을까 이런 느낌으로 보시면 될 것입니다. 마지막으로 정보에 관한 소설 하나 소개하고 마치겠습니다.

아시모프가 쓴 『더 라스트 퀘스천The Last Question』에 나오는 내용입니다.

원― 국내에서는 아마 『최후의 질문』이라는 제목으로 번역되어 있을 거예요. 단편 소설인데요.

욱― 우주에서 가장 우울한 법칙은 단연코 '열역학 제2법칙'입니다. 이 법칙은 우주는 점점 무질서해진다고 말해줍니다. 궁극적으로는 우주의 물질을 이루는 모든 원자들이 우주에 다 고르게 퍼져버린다는 거예요. 우주에 아무런 특이한 것이 없이 원자들이 균일하게 존재하는 상태가 되는 것이 필연적인 미래죠. 이 최후의 상태를 '열적 죽음'이라고 부릅니다. 빅뱅으로 계속 팽창만 한다면, 뭐 다시 수축해서 빅 크런치가 되면 모르겠지만, 아직까지는 계속 팽창한다고 알려져 있습니다. 그러면 결국 태양이고, 지구고, 생명이고 뭐고 다 없어진다는 겁니다.

아이작 아시모프 아이작 아시모프Isaac Asimov(1920~1992)는 러시아 태어나 미국에서 화학과 생화학을 공부한 과학자로, 전 세계에서 유명한 SF 소설가이다. 그는 왕성한 저작 활동을 벌여 500여 권이 넘는 작품을 출판했으며, SF 소설뿐만 아닌 셰익스피어 해설서, 성서 해설서, 역사서 등 여러 방면의 책을 썼다.

빅크런치 빅크런치|Big Crunch 우주론은 우주의 시작인 대폭발Big Bang의 반대 개념으로, 우주가 팽창하다가 블랙홀의 특이점과 같이 한 점으로 축소되면서 종말을 맞는다는 가설이다. '대함몰大陷沒', '대붕괴'라고 하기도 한다.

이 소설에서는 그런 결과를 아는 과학자들이 그걸 바꿀 수 있는, 즉 시간을 되돌릴 수 있는 방법을 찾아 나섭니다. 결국 문제는 엔트로피가 늘어나서인데, 엔트로피를 극적으로 줄일 수 있는 방법이 없을까 하고 궁리하는 겁니다. 그렇게만 할 수 있다면 '열적 죽음'을 피할 수 있으니까요. 그래서 강력한 인공지능 컴퓨터를 만들어서 컴퓨터에게 '열적 죽음'을 피할 수 있는, 곧 엔트로피를 극적으로 줄일 수 있는 방법을 찾도록 합니다.

당연히 답이 안 나오죠. 모른다고 그래요. 컴퓨터는 자원도 파워도 더 필요하다고 합니다. 그래서 자꾸자꾸 컴퓨터의 파워를 키워갑니다. 결국에는 지구의 모든 자원을 사용해서 컴퓨터를 만들어도 안 됩니다. 그래서 태양계의 모든 자원을 사용하고, 나중에는 우리은하의 자원을 거의 다 끌어옵니다. 우리은하가 가진 모든 에너지를 끌어다가 컴퓨터를 작동시킨다는 거죠. 궁극에는 우주의 거의 모든 자원을 다 가져다가 이 문제를 풉니다. 이쯤 되면 컴퓨터가 우주 전체나 다름없는 겁니다. 그러자 컴퓨터가 답이 나왔다고 이야기합니다. 그리고 컴퓨터가 한마디를 합니다. "빛이 있으라."

원 — 그냥 생각나는 이야기를 몇 가지를 할게요. 저는 특히 뒷부분의 〈매트릭스〉 같은 이야기를 무척 좋아합니다. 얼마 전 국립현대미술관 서울관 개관행사에서 '과학과 상상력'이라는 주제로 이야기를 한 적이 있어요. 그런데 오늘 이야기를 듣다 보니 양자역학이 이야기하는 세계들은 우리가 이야기하는 컴퓨터 시뮬레이션과 비슷한 거 아니냐는 생각이 드는 거예요. 물론 방금 말한 것처럼 과학의 영역이라기보다는 상상의 영역이라고 하는 게 옳겠죠. 그런데도 이게 완전히 말도 안 되는 상상의 영역만은 아닐지도 모른다는 생각이 드는 거예요.

재밌는 이야기를 하나 더 하고 넘어갈게요. 우리가 살고 있는 우주가 컴퓨터 시뮬레이션일 수밖에 없는 이유가 있어요. 그냥 반쯤 재미로 들으시면 돼요. 지금 지구상에 있는 컴퓨터가 몇 대나 될까요? 잘은 모르겠지만 적어도 몇억 대 정도는 되겠죠? 거기에 수많은 게임이 있을 거고, 또 스마트폰 같은 거에도 게임이 한두 개씩 있잖아요. 식물을 키우는 〈농장게임〉도 있고, 〈스타크래프트〉 같은 게임도 있고 해서 각각의 세계들이 그 안에 있어요.

그리고 100년이 지납니다. 100년이 지나면 컴퓨터 기술은 훨씬 발달했겠죠. 그리고 그 사람들도 컴퓨터 게임들을 하고 있을 겁니다. 다시 1,000년이 지났습니다. 1,000년 후면 그 속에서 구현되는 세상이 우리가 실제로 보는 세상과 거의 차이가 없을 수도 있어요. 그리고 아마 1,000년 후면 그런 고도의 컴퓨터들이 흔해질 겁니다. 그리고 거기서는 시뮬레이션 게임들을 돌리고 있겠죠? 1만 년이 지났습니다. 더 발달한 컴퓨터가 역시 게임들을 돌립니다. 자, 그러면 이 중에 어떤 사람들은 우리가 지금 살고 있는 이 세계와 똑같은 모양의 게임을 돌리고 있을 수 있겠죠?

게임의 세계가 지금의 실제와 거의 비슷한 것일 수도 있어요. 예를 들어서, 10억 개의 컴퓨터가 있는데, 그 가운데 1퍼센트 또는 0.1퍼센트만이, 그러니까 약 1만에서 10만 대의 컴퓨터가 이런 게임을 돌리고 있다고 합시다. 우리하고 아주 비슷하지만 조금은 다르겠죠. 물론 조금씩 다른 그런 게임들을 돌리고 있고, 1,000년 후에 그러고 있으면 1,001년 후에도 그러고 있겠죠? 인류가 멸망하지 않는 한 우리의 후손들은 무한에 가까운 컴퓨터를 가지고 무한에 가까운 시뮬레이션을 돌리고 있을 거예요.

그리고 그 가운데 상당수가 우리가 사는 세상과는 아주 다르겠지만, 확률의 법칙에 의해서 그 가운데 일부는 상당히 비슷할 겁니다. 그러니까 시뮬레이션의 가능성은 거의 무한대가 되고, 그중에 만약에 실제 현실이 존재한다면 할 수도 있겠죠. 그런데 현실은 하나밖에 없잖아요? 그러면 우리가 시뮬레이션이 아니려면 그 무한대의 숫자 가운데 1이어야 하고, 그래서 시뮬레이션이 아닐 가능성은 무한히 적은 것이죠. 그렇기 때문에 우리는 시뮬레이션 속에서 살고 있다고 할 수 있을지도 몰라요.

이런 식 이야기는 물론 말장난입니다. 말장난이기는 하지만 이런 식으로 재미있게 생각해볼 여지가 있는 것이 현대물리학이 아니냐는 생각도 듭니다. 그냥 해본 이야기입니다.

양자역학이 없으면
컴퓨터도 스마트폰도 없다

원─ 원래 이야기가 어려울수록 질문도 괴상한 경우가 많거든요.
오늘 질문에 크게 기대를 하고 있습니다. 그런데 괴상한 건 절대
망신스러운 일이 아닙니다. 질문이 굉장히 많습니다. 어려운 이
야기였기 때문에 아마도 맥락조차 알 수 없는 그런 게 있을지도
모르겠습니다.

"인간의 감정도 양자역학에 적용되나요? '예, 아니요'로 대답
하세요."

욱─ 질문을 조금 바꿔야 될 거 같아요. 우선 인간의 감정이 뇌에
서 일어나는 화학작용의 결과라는 가정을 해야만 과학적으로 설
명할 수가 있을 것 같거든요. 감정이 물질의 산물이라는 이야기
입니다. 이런 관점에 동의하시나요? 동의를 안 하시면 제가 대
답할 것이 별로 없습니다. 저는 동의한다는 가정하에 답을 하겠

습니다. 즉, 감정조차도 뇌에서 일어나는 생화학 과정이라는 겁니다.

그러면 질문을 인간 뇌에서 일어나는 생화학 과정에서 양자역학의 중첩이나 파동성 또는 이중성 같은 성질이 직접적으로 기여하느냐로 바꿔볼 수 있습니다. 지금까지 밝혀진 바로는 뇌의 화학작용에 양자역학이 직접 관여하고 있다고 믿을 수 있는 결과는 없습니다. 그런데 로저 펜로즈 같은 물리학자는 인간에게 자유의지가 있는 것은 양자역학이 작동하기 때문이라고 주장합니다. 저는 자유의지가 있는지 없는지는 잘 모르겠어요. 아까 고전역학의 결정론적 관점에 대해 이야기했지만, 고전역학에는 자유의지가 없습니다. 어쨌든 이 문제에 답하기 위해서는 뇌 속을 들여다봐야 합니다.

사실 뇌 안의 아주 좁은 부분에는 양자역학이 작용할 것 같은 영역이 있기는 합니다. 실제로 펜로즈의 주장을 검증하기 위해 몇몇 과학자들이 실험을 해봤지만, 아직은 뚜렷한 결과가 없습니다. 일단 뇌는 온도가 높고, 사람 몸 자체가 굉장한 복잡하기

로저 펜로즈 로저 펜로즈Roger Penrose(1931~)는 영국의 이론물리학자이자 수학자이다. 런던대학교의 유니버시티 칼리지 런던UCL에서 공부했으며, 이곳에서 오랫동안 강의했다. 스티븐 호킹과 함께 일반상대론적 특이점에 관한 많은 정리들을 증명하는 과학적인 업적을 이뤘다. 『황제의 새마음』『마음의 그림자』와 같은 대중서적으로도 유명하다.

때문에 양자역학적인 결맞음을 유지하기가 힘듭니다. 측정을 막기 어렵다는 것이죠. 현재 대부분의 과학자들은 뇌에서 일어나는 일들에는 양자역학이 직접 기여하는 바가 없다고 생각하는 것 같습니다. 그런 의미에서 일부 철학자나 생리학자들은 '자유의지는 없다'라는 무시무시한 말까지 하고 있습니다.

원 — 그러면 감정에는 양자역학의 적용이 안 된다는 거네요.

욱 — 현재까지는 그렇게 생각하고 있습니다.

원 — 다른 많은 질문들을 불러일으켰던 질문들인데, 시간이 있으면 생각해봐도 재밌을 것 같습니다.

그다음은 기술적인 것 같은데, 전자가 통과하는 구멍 이야기에서 두 개 이상의 구멍을 통과하는 실험이나 관측의 결과는 없는지 하는 겁니다.

욱 — 좋은 질문입니다. 구멍이 여러 개 있으면, 여러 개를 동시에 지나가게 됩니다. 실제로 구멍을 많이 뚫을수록 간섭무늬가 더욱 날카로워집니다. 여러 개의 슬릿이 주기적으로 있는 간섭계를 회절격자라고 부릅니다. 아마 이공계 전공자라면 그걸 이용해서 분광기를 만든다는 사실을 알 겁니다. 회절격자가 프리즘 역할을 할 수 있거든요. 주파수에 따라 간섭무늬의 패턴이 다르기 때문에 빛을 주파수별로 분리할 수 있어요. 좀 어렵죠?

아무튼 구멍을 여러 개를 뚫으면 여러 개로 다 지나갑니다. 이걸 이용하면 금속의 전기 전도성을 이해할 수 있습니다. 금속 안에는 자유전자라는 게 존재합니다. 전자가 여러 개의 원자에 동시에 있는 상태를 형성할 수 있기 때문입니다. 한꺼번에 여러 구멍을 지나는 거랑 비슷합니다. 이것을 어려운 말로 '밴드 이론'이라고 합니다. 지금 설명할 시간은 없습니다만, 이것이 도체를 설명하는 양자이론입니다. 양자역학 없이는 왜 도체에 전기가 흐를 수 있는지 이해할 수 없다는 말이죠.

원 ― 양자역학이 도깨비 같은 이론이면서도 우리 주변에 있는 전기 도체 같은 것들을 설명해주기도 하네요.

욱 ― 맞습니다. 양자역학이 없으면 우리는 19세기로 돌아가야 합니다. 19세기와 20세기는 과학기술의 관점으로는 양자역학이 있느냐 없느냐로 나눌 수 있습니다. 19세기에도 열역학과 전자기학이 있었죠. 내연기관과 전기기기가 있었다는 겁니다. 하지만 19세기에 없었던 것의 하나가 양자역학입니다. 그래서 반도체 같은 걸 이해하지 못했죠. 양자역학이 없으면 전자를 이해할 수 없으니까요. 따라서 양자역학이 없으면 단연코 컴퓨터는 없습니

분광기 분광기分光器는 빛의 그 진동수로 분해하여 각 진동수 성분의 크기를 보여주는 장치로, 프리즘이 좋은 예이다. 보통 회절격자를 사용한다.

밴드 이론 고체 내의 전자 상태를 기술하는 양자역학적 이론이다. 원자가 여러 개 모인 고체의 경우 개별 원자의 에너지 레벨이 모여 밴드라 불리는 띠 모양의 상태를 형성한다. 밴드의 구조, 전자의 밀도에 따라 고체의 전기적 특성을 기술할 수 있다. 고체를 이해하기 위한 기초이론이다.

다. 반도체도 없고, 스마트폰도 없습니다. 지금 스마트폰이 있을 수 있는 것은 1920년대 양자역학을 이해해서 전자를 제어할 수 있었기 때문입니다. 전자를 제어할 수 있게 되었기 때문에 나온 학문이 전자공학입니다. 양자역학이 없으면 전자공학이 없어요. 전자의 운동을 기술하는 게 바로 양자역학이거든요.

원 ― 그러니까 양자역학이 허망한 판타지는 아니라는 거예요. 양자역학의 역할을 중요하게 생각해봐야 할 것 같습니다.

"고전역학이 붕괴하고 모든 게 확률이라면, 100퍼센트 확실한 물리법칙은 존재할 수 없는 건가요?"라는 질문이 있습니다.

욱 ― 미묘한 질문이네요. 확실한 것이 무엇인지가 중요합니다. 고전역학에서는 위치나 속도를 100퍼센트 정확히 알 수 있습니다. 하지만 양자역학은 그렇지 못하죠. 양자역학에서는 상태나 확률을 100퍼센트 정확히 알 수 있습니다. 정확히 알 수 있는 것이 바뀐 거죠. 양자역학은 이중 슬릿 실험에서 전자가 어느 구멍으로 지났으며, 스크린의 어느 지점에 도착할지는 모릅니다. 하지만 하나의 전자에 대해서 확률, 혹은 많은 수의 전자를 보냈을 때의 패턴을 알려주죠.

하이젠베르크도 말했지만 상태에 관한 한 양자역학도 결정론적입니다. 원자는 너무 작기 때문에 눈에 겨우 보이는 먼지 하나에도 1,000,000,000,000,000개 정도의 원자가 있습니다. 수가 많다 보니 확률적 기술이 그냥 정밀한 예측이 됩니다. 주사위를 한두 번 던지면 확률이 별 의미가 없지만 주사위를 600만 번 쯤 던지면 100만 번 정도 '1'의 눈이 나오는 것은 확실하니까요. 아무튼 확률에 대해 정확히 알 수 있기에 양자역학을 이용해서 의미 있는 일들을 할 수 있습니다.

사실 양자역학은 인간이 지금까지 만든 그 어떤 이론보다 정확한 예측을 합니다. 최근 노벨상을 받은 것인데, 어떤 원자의 스펙트럼 실험에서 얻어진 주파수의 유효숫자가 17자리입니다. 그건 숫자로 쭉 쓰면 17개까지 하나의 오차도 없이 알 수 있다는 뜻입니다. 여기까지 이론과 맞습니다. 이 정도 정확도라면 지구의 둘레 길이를 원자 하나 크기의 정확도로 잰다는 뜻이죠. 고전역학에 이런 정도의 정확도는 없습니다. 사실 양자역학은 보기에는 불확정적이고 확률이라고 하지만, 이 이론으로 예측해서 얻어낼 수 있는 예측 정확도는 다른 어떤 이론보다도 높습니다. 양면성을 지니고 있는 것이죠. 고전역학이 정확히 알 수 있는 것은 알 수 없지만 다른 것들을 정확히 알 수 있는 거죠. 정확히 알 수 있는 것들이 달라진 것이라고 할 수 있겠죠.

원― 미묘하고 어려운 이야기지만 어쨌든 양자역학이 허깨비 같은 판타지는 아니라는 사실을 다시 한 번 이야기하는 것 같습니다. 관측 결과들이 생각과는 달리 아주 정확하게 나온다는 사실이 중요합니다.

여기 기묘한 질문이 들어왔습니다. 마침 주사위 이야기가 나왔는데, "주사위를 던지면서 1이 계속 나오라고 의식적으로 생각하거나 또는 기도하면 1이 나올 확률이 6분의 1보다 높게 나온다고 합니다"라고 했습니다. "이런 관점에서 두 구멍을 통과하는 실험을 하면 기존의 실험과 달라지는 부분이 있을까요"라는 질문인데 결국은 "의식이나 생각 같은 상상력이 전자를 움직일 수 있을까" 하는 겁니다.

욱— 그러면 안 되겠죠. 그러니까 주사위를 던질 때 주사위의 운동에 영향을 주려면, 다시 '$F=ma$'라는 공식으로 돌아가면 됩니다. 어떤 생각이든 주사위의 운동에 영향을 줄 수 있으려면 힘이 작용해야 하는데, 주사위를 던질 때 힘을 작용시킬 수 있으면 그렇게 될 겁니다. 힘에는 네 가지 힘이 있잖아요. 그 네 가지 가운데 하나를 사용할 수 있으면 영향을 줄 수 있는 거죠. 그 네 가지 힘으로는 안 되고 또 다른 다섯 번째 것을 이야기하는 순간, 그것은 노벨상을 받을 일이거나 거짓말 가운데 하나입니다.

지금까지 우리가 아는 힘이 네 가지밖에 없습니다. 그런데 네 가지만 있어야 한다는 이론은 없기 때문에 다섯 번째가 나와도 괜찮기는 해요. 그러니 네 가지 말고 정말 다른 힘을 발견하면 노벨상을 받을 수 있습니다. 뭐, 그걸 바라느니 고양이가 두 개의 구멍을 동시에 지나길 바라는 게 나을 거긴 합니다만. 텔레파시를 말하는 사람도 있는데, 그 존재가 과학적으로 입증된 적은 없습니다. 그렇다면 남은 가능성은 전자기력뿐이죠. 뇌에도 전자기력이 있기는 하지만 굉장히 약합니다. 지금까지 어떤 실험에서도 뇌에서 이온들이 움직이는 정도의 전기장을 가지고서 주사위에 힘을 주었다는 증거를 보인 적은 없습니다. 그래서 그것은 굉장히 힘들 거라는 생각이 들어요.

하지만 질문을 한 이유는 이런 게 아닐까 싶어요. 양자역학에서 측정이 결과를 바꿀 수 있다는 것을 일종의 제어 가능한 상호작용으로 이해하는 거죠. 지금까지 과학자들이 파악한 것으로는 그렇지 않습니다. 아까 전자의 위치 측정에 대해 이야기할 때, 측정이 어떤 과정으로 진행되어 위치 파악에 영향을 주게 되는지는 구체적으로 이야기하지 않았습니다.

다시 한 번 이야기해보죠. 빛이 물체에 맞고 튕겨 나오는데, 이때 빛이 사실 입자이기 때문에 전자에 충격을 줍니다. 그러니 전자가 흔들리고 하는 식으로 설명을 했습니다. 이 설명을 듣는 순간 '양자역학도 마치 고전역학같이 설명을 하네' 하는 느낌이 들 수 있습니다. 측정이 양자역학에서 가장 이상한 부분이라고 하고서 이렇게 차근차근 설명하는 것이 가능하다니, 무언가 너무 쉽다는 느낌이 들지 않나요? 양자역학에서는 잘되는 듯이 보이면 무언가 잘못된 겁니다.

결론을 이야기하면, 측정은 이런 역학적 과정으로만 설명할 수 없습니다. 이것을 설명하려면 1998년에 수행된 실험을 이야기해야 되니까 너무 길어져서 안 할 겁니다. 하여간 답은 이렇습니다. 역학적인 과정을 통하지 않고도 측정하는 것이 가능합니다. '양자얽힘'이라는 이상한 현상을 사용하는 겁니다. '양자얽힘'을 이용하면 전자를 건드려 영향을 주지 않고서도 정보를 얻어낼 수가 있어요. 양자역학이 허용하는 이상한 현상의 하나입니다. 결국 전자를 건드리지 않고도 정보를 얻어내는데, 정보를 얻으면 무늬는 사라집니다. 그냥 우주가 원리적으로 그 사실을 알게 되면 무늬가 사라지는 겁니다. 결국 측정과정을 제어 가능한 형태로 사용할 수 없다는 것이지요.

원― 질문보다 더 이상한 게 양자역학이 아닌가 생각이 되는데, 과학에서는 거리를 두는 것이지만 이른바 '초과학'이라고 하는 진영에서는 이런 실험을 했단 이야기는 있어요. 거기서는 주사위를 던진 게 아니고, 컴퓨터가 정해진 몇 개의 숫자를 자동으로 만들어내게 하는데, 정신 집중을 해서 어떤 숫자를 더 많이 만들어냈다고 하는 이야기를 들은 적이 있어요. 사실인지는 잘 모르겠습니다. 어쨌거나 이건 양자역학하고는 별개의 이야기이고, 정말로 그런 실험이 실제로 신뢰할 만한 어떤 조건 속에서 이루어

양자얽힘　양자얽힘Quantum Entanglement은 양자역학적으로 존재할 수 있는 비고전적 상관관계이다. 아인슈타인이 그의 유명한 EPR 논문에서 양자역학을 공격하기 위해 제안한 상태에서 비롯되었다. 양자정보 분야의 핵심 개념으로, 양자컴퓨터나 양자전송, 양자암호 등의 구현에서 중요한 역할을 한다.

진 것인지 하는 것은 불분명하다고 봐야겠죠.

욱 ― 양자역학에서 어떤 의도가 영향을 준다는 사실은 완전한 오해입니다. 양자역학은 완전히 무작위로 결과를 결정합니다. 그러니까 측정의 결과만 있을 뿐이지 의도라는 것이 간섭할 수 있는 어떤 여지도 없습니다.

원 ― 이게 양자역학이 원체 신비한 이야기니까 신비주의적인 접근들이 꽤 있어요. 시중에 나온 책들도 있고요. 그래서 의지가 세상을 바꾼다는 것에 이르기까지 내가 원하는 대로 세상이 이루어진다는 책들도 있잖아요. 그런 게 아니고, 또 그런 쪽으로 접근하는 것을 흥미 위주로 볼 수도 있지만, 사실 그건 양자역학의 본질을 호도하기 때문에 주의해야 합니다.

무엇이 실체인지 모르는 양자역학의 세계

원— 다음 질문입니다. "'다세계' 우주론에서 세계가 둘 또는 무한으로 분열이나 분기하게 되는 계기는 무엇인가요? 가능성이나 현실이든, 또는 우주의 법칙 무엇이든 간에 궁금합니다."

욱— 사실 저는 이 이론에 대해 자세한 것은 모릅니다. '다세계' 이론을 주장하는 사람들이 있으며, 현재 점점 대세가 되어간다고는 말할 수 있습니다. 물론 대다수 물리학자는 고민을 하지 않습니다. 코펜하겐 해석이든 뭐든 신경을 쓰지 않고, 그저 '입 닥치고 계산하는' 겁니다. 양자역학은 잘 작동하니까요. 어찌 보면 이것은 해석의 문제거든요. 그래서 양자역학 자체, 특히 양자컴퓨터나 양자정보 같은 문제를 연구하는 사람들에게 이것이 주로 관심사가 되고 있습니다. 현재 그 사람들 커뮤니티에서 점점 이 '다세계' 이론이 중요해지고 있습니다.

그렇지만 저 같은 경우는 실험적으로 검증이 되기 전까지는 물리 이론으로 보지 않는 입장이기 때문에, 이 이론을 아주 심각하게 생각하지 않아요. 그래서 이 이론의 세부적인 것들을 다 알고 있지 않습니다. 흥미가 있으니 큰 줄기만 알고 있을 뿐이죠. 듣기에 이 이론 자체에도 굉장히 많은 문제점들이 있다고 알고 있어요. 장점만 있었으면 벌써 받아들여졌겠죠. 더구나 검증을 위한 실험이 시도된 적도 없고, 조만간 실험은커녕 실험을 할 수 있는 이론적 제안조차 나올 것 같지 않아요.

이제 답을 하겠습니다. 구체적으로 언제 갈라짐이 일어나느냐고 물어본다면, 그냥 모든 가능성은 항상 같이 가는 거라고 말할 수밖에 없어요. 사실 이게 상당히 설명하기 힘듭니다. 이런 입장이 되면 우주를 기술하는 어떤 표준이 되는 상태라는 게 존재하지 않기 때문이죠. 우리 입장에서는 고양이가 죽어 있고, 또 살아 있는 게 표준적인 거잖아요. 그런데 '다세계'로 가게 되면 고양이가 반쯤 죽어 있으면서 동시에 반쯤 살아 있는 것도 표준 상태가 될 수도 있지만, 고양이가 80퍼센트는 살아 있고 20퍼센트는 죽어 있을 수도 있어요. 고양이가 99퍼센트 살아 있고 하는 그런 것도 다 하나의 상태입니다. 이쯤 되면 더 이상 분기를 말하는 기준이 무엇인지조차 모호해집니다.

그래서 이럴 때 양자역학에서는 모든 가능한 상태를 한꺼번에 양자 파동함수 Ψ로 그냥 쓰면 됩니다. 우리가 분기를 말할 때는 어떤 측정을 염두에 두고 있습니다. 측정결과를 해석할 어떤 기준 상태들을 염두에 두고 보면 거기에 맞게 분기를 정의할 수 있죠. 하지만 이 이론에서는 그런 것조차 필요 없습니다. 그러니까 초기에 우주 전체를 기술하는 하나의 양자 상태가 있고, 이 상태가 파동처럼 그냥 진행되는 겁니다. 그것이 구체적으로 무엇들의 분기인지조차 관심사가 아닙니다. 그걸 이야기 안 하려고 만든 이론인데, 자꾸 이야기하라고 하면 마음 아프죠.

이 이론에서 분기라 말하는 것은 우리 입장에서 이야기할 때 이런 용어를 사용해서 이해할 수 있다는 것이지, 진짜 이론에는 분기라는 것 자체가 없어요. 그냥 처음부터 고양이는 살았고, 죽었고, 계속 변하면서 어떤 시간에는 80퍼센트 살아 있고, 20퍼센트 살아 있고, 어떤 때에는 60퍼센트 살아 있고, 어떤 때는 왔다 갔다 하는 겁니다. 이런 것들이 지금 구체적으로 어떤 상태냐고 물어보면, 그중 일부는 살아 있는 상태에 있을 수 있고, 아닐 수도 있고, 여기서는 진짜 뭐가 실체인지 모르는 거예요.

원— 모두들 이해하셨죠?

파동함수 파동함수wave function는 양자역학적 계의 상태에 대한 정보를 담고 있는 함수이다. 고전적인 파동 방정식을 따르기 때문에 이런 이름이 붙었지만, 고전적인 파동과는 여러 면에서 다르다. 파동함수의 절댓값의 제곱은 입자가 특정 위치에 존재할 확률 밀도를 나타낸다.

욱 — 저도 이게 무슨 말인지 모르겠어요. 그래서 이런 거 싫어합니다. 아까 말했지만 저는 '결 잃음' 이론에서 이 문제가 해결되었다고 생각하는 사람이에요. 제가 지지하지는 않지만, 요즘 상당히 많은 사람들이 관심을 갖기 때문에 소개하기는 했습니다.

원 — 다음 질문 넘어가겠습니다. "양자역학이 완전히 해결되면 순간 이동이나 시간 이동이 가능해질까요?"

욱 — 해결된다는 말의 뜻을 잘 모르겠는데요?

원 — 양자역학을 통해서 순간 이동이나 시간 이동이 결국 가능해질까 하는 이야기 아닐까요?

욱 — 시간 이동이라는 것은 시간을 거꾸로 거슬러가는 것을 말하는 것이겠죠? 그것은 양자역학에서도 안 되는 걸로 알려져 있습니다. 사실 양자역학에서 제일 이상한 게 시간이에요. 이야기하면 너무 길어지니 짧게 하겠습니다. 양자역학에서 시간이 제대로 다뤄지지 못했습니다. 양자역학이 시공간을 다루는 일반상대성이론과 정합적으로 만들어져 있는 것이 아니기 때문에 딱 부러지게 이야기할 수 없어요. 하지만 대부분의 물리학자들은 상대성이론의 전제들을 깰 수는 없다고 생각하고 있습니다. 시간 이동까지는 안 될 겁니다.

하지만 순간 이동은 지금 가능한 것으로 이야기하고 있습니다. 이것을 양자전송이라고 부릅니다. 실제 물체가 이동하는 건 아니고 정보만 갑니다. 양자역학에서는 개별 입자들이 아주 괴상하게 행동하지만 두 입자 사이의 상호관계도 우리가 보통 알고 있는 것과 다릅니다. 그것을 양자얽힘이라고 부르는데, 그걸 잘 사용하면 한쪽에 있는 양자정보를 아주 멀리 순간적으로 보낼 수가 있습니다. 그런데 사실 모든 원자는 다 똑같기 때문에 정보만 이동해도 물질이 이동한 거와 다를 바 없죠. 그런 의미에서는 공간을 뛰어넘을 수 있어요.

하지만 상대성이론을 깨뜨리지 않는다는 게 물리학자들의 표준 해석입니다. 실제 전송을 마치려면 정보를 보내는 쪽에서 정보의 일부를 받는 쪽에 알려줘야 하거든요. 이 추가적인 정보의 이동 속도는 빛의 속도를 넘지 못하니까 문제는 없습니다. 문제는 없지만 적어도 원리적으로 한 순간에 정보의 일부가 이동했기 때문에 순간 이동이 되기는 한 겁니다. 아직 양자역학과 일반상대론을 합친 통일장이론이 없기 때문에, 우리가 아직 모르는 부분들이 있어요. 지금의 체계 안에서는 이렇게 답을 할 수밖에 없

양자전송 양자얽힘을 이용하여 원자의 양자역학적 상태를 멀리 있는 원자로 이동시키는 것이다. 1993년 찰스 베넷 등에 의해 제안되었다. 2012년에는 143킬로미터 거리에서 실험적으로 성공했다.

통일장이론 자연계에 존재하는 중력, 전자기력, 강한 핵력, 약한 핵력의 네 가지 힘을 하나의 통일된 개념으로 상호관계를 기술하고자 하는 이론. 아직까지는 성공하지 못했다. 현재 물리학자들은 끈이론이 가장 강력한 후보라고 믿고 있다.

을 것 같습니다.

원— 통일장이론 이야기가 나와서 말인데. 그게 지금 수십 년 동안 물리학계의 가장 중요한 목표 가운데 하나입니다. 중력이 지배하는 큰 세계와 나머지의 미시적인 힘들을 하나로 합치자는 것인데, 그게 상대성이론과 양자역학이 수학적으로 하나의 식으로 기술이 되어야만 통일장이론이라는 게 형성되는 건가요?

욱— 저도 전공은 아니라서 깊이 이야기할 수는 없는데, 물리학자로서 알고 있는 기본적인 지식을 가지고 이야기하겠습니다. 중력과 다른 힘들과의 결합 문제인 것은 맞습니다. 네 개의 힘 가운데 중력을 제외한 나머지 세 개는 하나로 통합이 됐어요. 통합이 되었다는 것은 수학적 관점에서 하나의 틀로 설명할 수 있다는 뜻입니다. 중력은 그 틀에 들어가 있지 않은데, 그것은 중력이 단순한 힘이라기보다는 시공간의 휘어짐과 관련되어 있기 때문입니다. 이걸 다루는 이론이 일반상대성이론입니다.

　일반상대성이론과 양자역학이 서로 정합적이지 않다는 것은 이미 오래전부터 알려져 있었습니다. 이 두 개를 합칠 수학적인 방법이 현재는 없습니다. 그런 의미에서는 이 둘을 동시에 고려해야 되는 물리적 상황을 기술할 이론이 없다는 뜻이에요. 예를 들면, 블랙홀 주변의 아주 작은 영역이나 빅뱅 직후의 우주와 같이 상대성이론과 양자역학을 동시에 생각해야 하는 경우죠. 중력이 강하면 일반상대론을, 작은 영역에서는 양자역학을 써야 되는 거거든요. 또 빅뱅이 시작될 때는 우주가 굉장히 작았으니까 양자역학으로 생각해야 하는데, 에너지와 질량이 엄청나게 크기 때문에 일반상대론도 고려해야 하죠. 그래서 안타깝게도 빅뱅의 순간을 이해하지 못하는 것입니다.

그래서 여러분이 양자역학과 시공간 문제를 함께 물어보면 대답하기가 굉장히 힘듭니다. 하여튼 우리 체계 내에서만 답을 할 수 있을 뿐이에요. 끈이론이라는 것이 이를 통합할 수 있는 유일한 수학적 이론이라고 현재 알려져 있습니다만, 아직 실험으로 검증된 바가 하나도 없는 이론이라서 유명세에 비해서 물리학계에서는 냉담한 사람들이 많아요. 사실 아름다운 수학적 이론이라는데, 그 이론이 예측하는 결과를 실험적으로 검증한 적이 한 번도 없어요. 끈이론이 아름답지만 저는 이것을 아직 양자역학과 같은 수준의 물리 이론이라고 보지는 않아요.

원 ─ 예술에 가까운 거군요?

끈이론 입자물리의 최첨단 이론. 기존의 물리학 이론에서는 기본입자를 점으로 나타냈지만, 끈이론에서는 기본입자를 1차원의 끈으로 나타낸다. 이렇게 해서 점으로 해결할 수 없는 문제들을 해결할 수 있었다. 특히 끈을 양자화하면 스핀이 2인 입자가 있어야 하는데, 이를 중력자로 해석할 수 있다. 이 때문에 통일장이론의 가장 강력한 후보로 생각된다. 끈을 기술하는 변수가 보손인 끈이론을 '보손 끈이론'이라고 하고, 초대칭(페르미온) 쌍을 도입한 초대칭 끈이론을 '초끈이론superstring theory'이라고 한다.

욱─ 아름답다는 점에서는 물리가 원래 예술이죠. 끈이론은 그냥 맞을 확률이 높은 수학적 이론입니다. 그러니 열심히 연구할 가치는 충분한 것이지요. 이 틀에서 보면 일반상대성이론과 양자역학이 수학적 관점에서 정합적으로 붙여지는 것 같다는 겁니다. 수학이 옳으면 물리적으로도 옳을 확률이 아주 큽니다.

원─ 비슷한 질문이 하나 있어서 대충만 말하고 넘어갈게요. "타임머신이 만들어지기 전의 시간으로는 돌아갈 수 없는 이유가 있나요?" 하는 겁니다.

이 질문에는 과거로의 시간여행이 가능하다는 사실이 이미 전제가 되어 있네요. 과학자들은 상대성이론과의 모순이 생기기 때문에 그것에 대해서 상당히 부정적으로 보는 걸로 알고 있습니다. 그런데 질문한 의도를 생각해보면 이런 이론들이 있기는 합니다. 타임머신들이 만들어지는 지점에서 거기까지는 돌아올 수 있다는 이론이 있는데, 이건 완전히 현실성이 없는 이야기입니다. 그리고 과거로 여행할 수 있다 이런 이야기들이 있지만 그런 질문들을 여기서 대답할 수는 없는 것 같습니다.

욱─ 이런 질문이 나오는 이유가 양자역학에서 모든 것이 확률이라고 하니까, 과거로 돌아가는 것조차도 일어날 확률이 있지 않느냐는 식으로 생각하는 것 같아요. 모든 경우가 다 생긴다는 거죠. 그런데 문제는 양자역학에서도 시간만은 예외입니다. 그게 참 어렵습니다. 다른 물리량들은 측정했을 때 그게 어떤 값이 나올지 확률이 있어요. 제가 전자의 위치를 측정하면 각 위치마다 그 값이 얻어질 확률이 있습니다. 그런데 시간은 그렇지 않습니다.

시간을 측정하면 지금이 10시 17분일 확률이 있고, 또는 10시 18분일 확률이 있어야 양자역학이겠죠. 하지만 양자역학에서는 시간을 그렇게 다루지 못합니다. 어떻게 보면 양자역학에서 시간을 제대로 기술하지 못한다는 뜻이죠. 그래서 이런 문제들은 양자역학의 틀 밖에 있어요. 양자역학에서 시간은 그냥 일정하게 흘러가는 걸로 정의된 겁니다. 시간을 완벽히 기술하려면 새로운 이론이 필요합니다.

원— 흥미로운 질문이 하나 있습니다. "분자는 전자를 확률적으로 공유하는 원자 무리라고 이해할 수 있나? 그렇다면 공유전자를 관측하면 분자는 깨어지는 것인가?" 하는 질문입니다.

욱— 아주 좋은 질문인데요. 아까 공유결합이 된 분자를 이야기할 때 두 원자가 있고 전자가 원자 두 개 양쪽에 동시에 있기 때문에 결합을 이루는 거라고 했습니다. 그러면 전자를 측정해서 어디 있는지를 알게 되면 동시에 있는 상태가 되지 못하니까 결합이 깨져야야 맞잖아요. 이 경우 전자의 위치를 안다는 것은 전자가 두 개의 원자 중 어디에 있는지를 알 정도의 정확도로 측정한다는 겁니다. 두 원자 사이 거리 정도의 분해능을 갖는 빛으로 전자를 때려야 한다는 말이죠.

설명을 자세하게 하지 않았지만, 분해능이론에 따르면 전자기파를 이용해서 어떤 물체를 볼 때 사용한 전자기파의 파장 정도 되는 길이가 볼 수 있는 최소 길이입니다. 그래서 가시광선을 사용하는 광학현미경으로는 가시광선의 파장인 0.1마이크로미터쯤 되는 것보다 작은 건 볼 수가 없어요. 광학현미경으로는 아무리 눈이 빠지게 봐도 원자는 안 보여요. 원자는 그것보다는 훨씬 작거든요. 원자를 보려면 원자 크기의 파장을 갖는 엑스선을 가지고 보아야 합니다.

자, 이제 분자를 이루고 있는 전자에서 전자가 분자의 왼쪽, 오른쪽 어디에 있는지를 알기 위해서는 그 분자 정도 크기를 갖는 파장의 빛으로 보아야 합니다. 그 빛이 갖는 에너지는 플랑크의 공식에 의해 대략 전자의 이온화 에너지에 해당합니다. 따라서 빛을 쏘아서 이제 어디 있는지를 알게 되었기 때문에 결합이 깨져서 분자가 깨진다고 이야기할 수 있습니다.

사실 이게 바로 불확정성의 원리의 또 다른 의미입니다. 물리학이 재밌는 게 이런 식으로 모든 것이 서로 모순 없이 얽혀 있기 때문입니다. 어딘가 갇혀 있는 입자가 갖는 위치의 불확실성은 갇힌 공간의 크기 정도가 되죠. 불확정성원리에 따르면 이런 위

플랑크의 공식 빛의 입자인 광자가 갖는 에너지를 빛이 갖는 진동수나 파장으로 표현한 공식.

치의 부정확성에 대응되는 운동량의 최소 부정확성이 있습니다. 그리고 이에 대응되는 최소 에너지가 있을 겁니다. 원자, 분자의 경우 결합에너지가 이 에너지 정도에 해당됩니다.

원— 이온화에 대해서 아마 잘 모르실 것 같은데 그 부분만 설명을 해주시면 어떨까요?

욱— 이온화라는 것은 원자나 분자 안에 있는 전자를 떼어내는 것을 말합니다. 원자 내의 전자는 마치 태양 주위의 지구처럼 궤도운동을 하는 것으로 이해해도 돼요. 달도 지구 주위를 돌잖아요. 우리는 달처럼 궤도운동은 하지 않지만 지구에 붙잡혀 있죠. 이런 상태에서 벗어나려면 에너지가 필요합니다. 여러분이 지구를 탈출하려면 로켓을 타고 엄청난 에너지를 사용해야만 벗어날수가 있어요. 만일 그런 에너지를 외부에서 주면 여러분을 지구에 묶어두는 중력장을 벗어날 수 있습니다. 만일 달도 지구가 싫다면 엄청난 가속 운동을 하면 돼요. 달 자체가 분사를 해서 그런 에너지를 얻으면 지구를 벗어날 수 있습니다.

마찬가지로 원자 안에 있는 전자도 거기 속박되어 있는 겁니다. 이때는 전자기력이 중력처럼 전자를 붙들고 있죠. 전자를 원자 밖으로 떼어내려면 역시 에너지를 줘야 하는데, 빛이 그 에너지가 될 수 있어요. 그렇게 해서 전자가 떨어져 나간 원자를 이온이라고 부릅니다. 거기에 필요한 에너지를 이온화 에너지라고 하죠. 아까 그 이야기에서 분자의 경우에는 전자가 어디 있는지를 알아내는 정도의 빛이 갖는 에너지가 이온화 에너지가 되는 겁니다. 그래서 결합이 깨지게 되죠.

원— 이제 이 정도면 그런가 하고 생각해야겠습니다. 마지막 질문을 할게요. 이 질문이 우리 모두에게 해당되는 것 같아서 마지막으로 골랐습니다.

"동생이 양자역학을 공부하려합니다. 제가 양자역학을 조금이라도 이해할 수 있는 방법을 알려주시면 감사하겠습니다." 처음부터 다시 할까요?

욱— 다시 해야 되겠네요.

원— 양자역학을 좀 더 쉽게 이해할 수 있는, 어떤 생각하는 법이 있을 수 있을까요?

욱— 수학에도 왕도가 없는데 양자역학에 있을까요?

원— 그러게요. 여기에 대해서 특별하게 어떤 대답을 해줄 수 있을 것 같진 않고요. 제 생각은 그래요. 닐스 보어의 이야기 같은데 "양자역학을 통해서 정말로 충격을 받지 않으면, 양자역학을 이해하는 게 아니다"라고 했다더라고요.

그러니까 이건 말도 안 된다는 충격이 있어야, 그다음에 이제 그 속으로 들어가서 조금씩 더 속성을 살펴보면 양자역학이 말하는 세계가 우리의 우주를 어떤 면에서는 아주 정확하게 기술하면서도, 그 해석을 통해서 정말 이상한 이야기를 하고 있다는 양면성을 지니고 있다는 사실을 알게 되고, 또 그걸 통해서 우리가 살고 있는 우주에 우리가 경험에만 속박되지 않고 생각을 통해서 이해할 수 있는 폭은 점점 넓어지지 않을까 하는 생각이 듭니다. 그래서 이 짧은 이야기를 통해서 무언가 깊이 이해하고 갈 수는 없겠지만, 적어도 이 이야기를 통해서 양자역학의 개념들이 어떤 것이고, 얼마나 말도 안 되는 것 같으냐는 느낌만 가져도 된다는 것이죠.

그렇지만 이게 판타지도 아니고 SF도 아닌 100년 동안 수많은 실험을 통해서 검증되어온, 그리고 현실에서도 사용하는 과학이라는 걸 염두에 두어야겠죠. 그 점만 알고 가도, 앞으로 살면서 계속 무언가 생각해볼 수 있는 화두가 되고, 그걸 계기로 여러 책을 읽거나 다큐멘터리를 보고 하다 보면 점점 더 깊이가 생기고, 양자역학이나 현대물리학이 이제 우주를 이런 식으로 해석하는 정도에까지 이르렀다는 생각에서 뿌듯함도 느끼게 되고 그럽니다. 저 같은 경우는 그랬어요.

그래서 동생이 양자역학을 공부하려고 하는데 형이 이해해서 도움을 주려고 하는가 봅니다. 그런데 아마 그런 식보다는 동생이 직접 양자역학에 부딪혀 그 바다에서 헤매도 보면서 이해해가는 게 양자역학의 재미가 아닐까 생각합니다. 이제 대충 정리를 해야 할 것 같은데 마지막으로 해줄 말이 있을까요?

욱— 처음 시작할 때 하신 말을 다시 하면 될 것 같습니다. 위대한 물리학자인 파인만이 했던 이야기요. "양자역학을 제대로 이해한 사람은 없다." 파인만 자신을 포함해서 하는 이야기죠. 그러니까 오늘 제가 뭐 아는 척하고 이야기했지만 사실 저도 다 이해한 것은 아니라는 이야기죠. 그러니까 여러분도 너무 많이 충격받지 마시기 바랍니다.

아무튼 굉장히 이상하지만 이게 자연의 모습이라는 것을 아는 정도로 충분하지 않을까요? 그래서 양자역학에 대한 호기심이 생겼다면 그걸로 저는 만족하겠습니다.

원— 저도 잘 몰라서 많이 헤맸는데 호기심을 가지고 '우주의 비밀에 대해서 여기까지 근접할 수 있다' 그런 느낌으로만 사는 것도, 그렇지 않는 상태로 사는 것과는 많이 다를 것 같습니다. 큰 도움이 되었으면 좋겠습니다.